REQUALIFICAÇÃO URBANA DA PAISAGEM DE VÁRZEA E SUAS CONSEQUÊNCIAS SOCIOAMBIENTAIS

Viviane Corrêa Santos

REQUALIFICAÇÃO URBANA DA PAISAGEM DE VÁRZEA E SUAS CONSEQUÊNCIAS SOCIOAMBIENTAIS

1ª edição

editora
itacaiúnas

Copyright © 2014, Viviane Corrêa Santos

Capa e editoração eletrônica: Walter Rodrigues
Ilustração em grafite: Everson Alves
Foto de capa: Viviane Santos

Dados Internacionais de Catalogação-na-Publicação (CIP)

S316r   Santos, Viviane Corrêa
          Requalificação urbana da paisagem de várzea e suas consequências socioambientais / Viviane Corrêa Santos. – Ananindeua: Itacaiúnas, 2014.
          178p.: il.

          Inclui bibliografia.
          ISBN 978-85-68154-07-6

          1. Qualidade de Vida - Vila da Barca (Belém, PA). 2. Urbanização - Vila da Barca (Belém, PA). 3. Paisagens - Vila da Barca (Belém, PA). 4. Vila da Barca (Belém, PA) - Habitações. I. Título.

                                                                       CDD - 360

O conteúdo desta obra é de responsabilidade do autor, proprietário do Direito Autoral.

Impresso no Brasil.
Itacaiúnas Comércio e Serviços/Editora Itacaiúnas
Ananindeua – Pará
www.editoraitacaiunas.com.br

Aos personagens mais importantes de minha vida, que me estenderam as mãos nos momentos de dificuldade e me deram um gentil sorriso nos momentos de felicidade, por isso, não poderiam passar despercebidos. Esses são Deus, meus pais, Regina e Ronaldo, e meus avós Joana e Zacarias (*in memoriam*).

AGRADECIMENTOS

Como nenhum trabalho é fruto de uma única pessoa, esse não poderia fugir à regra, por isso quero registrar aqui a participação especial das pessoas que me ajudaram nessa construção.

Agradeço em primeiro lugar à dinâmica e carinhosa professora Márcia Pimentel, que sempre me deu força e apoio para continuar meus passos acadêmicos.

À professora Carmena França, pelas indicações bibliográficas imprescindíveis.

Aos professores Carlos Bordalo e Simaia Mercês, por terem aceitado participar de minha banca avaliadora.

Aos integrantes da comunidade da Vila da Barca, em especial: Gerson Siqueira, Benedita Ferreira, Alria Viana, Sheila Moura, Luane, Shirley S. L. Feio, Maria Mercedes, Rosineide do S. S. Cordeiro, Maria de J. Ferreira, Raimunda F. Lobato, Joelson Silva, Márcio Lima, Raimundo Viana, Manoel Viana, Nagibe B. Pinheiro, Benedito G. Franco, Adriano Ramos, Nelson Santos, José R. Santos, Haule Carneiro, João Costa, Antônio R. C. Rodrigues, que sem sua colaboração e gentil acolhimento, não poderia dispor das informações necessárias para a análise dessa pesquisa.

Aos amigos Mateus Lobato e Luciano Penha pelos estudos anteriores à seleção do mestrado.

A Frank Campos e Leonardo Alves pelos mapas muito bem elaborados.

A Rafaela Pinheiro e José Luíz Sirotheau, pela importante companhia durante a realização do trabalho de campo.

A Marlene, pela imensa paciência e boa vontade todas as vezes que precisei de sua ajuda.

A minha avó, Nilza Maciel, pelo abrigo no momento de maior necessidade de isolamento.

A família de Selma e Emmanuel, junto a "Leleco e Neli", pela maravilhosa receptividade durante o período do PROCAD na UNESP Presidente Prudente, em 2010.

A uns companheiros muito especiais, Flávia Adriane e Carlos Augusto, pela jornada ímpar vivida nesse mestrado.

A Walter Rodrigues, pelo carinhoso apoio em meus momentos mais tensos.

A todos os demais amigos da graduação, mestrado e do GEPPAM, que de sua forma peculiar contribuíram para o alcance dessa minha conquista.

Finalmente, ao PPGEO pela oportunidade de participação no PROCAD e eventos científicos, o que foi de suma importância para meu crescimento enquanto pesquisadora, bem como, ao acréscimo de informação no debate desse trabalho.

RESUMO

Essa pesquisa partiu da análise empírica das alterações ocorridas na paisagem da Vila da Barca, tendo como objetivo principal analisar a reconstrução dessa paisagem e suas implicações para a qualidade de vida da comunidade, a qual se localiza a margem direita da baía de Guajará, no município de Belém, estado do Pará. Tais alterações deveram-se à inserção do Projeto de Habitação e Urbanização da Vila da Barca, que aos poucos age sobre a paisagem desse lugar, bem como, sobre o modo de vida dessa comunidade. Esse Projeto é resultado de reivindicações e lutas entre sociedade organizada, membros de instituições religiosas e outros. Todavia, o que se observa a partir de relatos de moradores é que há um constante descontentamento devido a suas características arquitetônicas que acabaram não relevando as peculiaridades da comunidade da Vila da Barca, que apesar de ter diferentes ritmos sociais e estarem em meio urbano, ainda expressam relação de cumplicidade com o rio e seus recursos naturais. E isso, se deve à origem ribeirinha dos primeiros moradores, que em grande parte, vieram do interior do Estado, além do fato de os mesmos terem adaptado seu modo de vida às dinâmicas ambientais do rio. Contudo, há de se destacar a importância de planejar os Projetos Habitacionais a partir das reais necessidades dos moradores que habitam e vivem o espaço em seu cotidiano, tendo em vista que são eles que vão conviver com as alterações socioambientais que perpassam pela paisagem e que levam a comunidade a se readaptar a estas para poder sobreviver. Levando em consideração o fato dessas pessoas se sentirem na maioria das vezes a margem dos serviços públicos prestados, veem nessas ações governamentais a única oportunidade para alcançar a qualidade de vida, que infelizmente ainda está presente apenas no âmbito do conceito.

Palavras-chave: Paisagem. Qualidade de Vida. Vila da Barca. Alterações Socioambientais. Projeto de Habitação.

Sumário

INTRODUÇÃO 14

CAPÍTULO 1 26

A PAISAGEM E AS QUESTÕES SOCIOAMBIENTAIS 26

1.1. PAISAGEM NATURAL E PAISAGEM CULTURAL 27

1.2. PAISAGEM E MEIO AMBIENTE 32

1.3. PAISAGEM E LUGAR 34

1.4. PAISAGEM E QUALIDADE DE VIDA 40

1.5. PAISAGEM E PERCEPÇÃO 44

CAPÍTULO 2 47

O PROCESSO DE OCUPAÇÃO DA ÁREA CENTRAL DE BELÉM E A (DES)PREOCUPAÇÃO COM AS ÁREAS DE PLANÍCIE DE INUNDAÇÃO 47

2.1. SÍTIO URBANO DE BELÉM 48

2.2. PROCESSO DE OCUPAÇÃO DE BELÉM 51

2.3. PLANÍCIES DE INUNDAÇÃO COMO ALTERNATIVA DE OCUPAÇÃO DAS ÁREAS CENTRAIS DE BELÉM 58

CAPÍTULO 3 74

A VILA DA BARCA COMO OBJETO DE ESTUDO 74

3.1. O SURGIMENTO DA COMUNIDADE DA VILA DA BARCA 75

3.2. REIVINDICAÇÕES DOS MORADORES DE VÁRZEAS POR QUALIDADE DE VIDA 91

3.3 A VILA DA BARCA NO CONTEXTO DA REQUALIFICAÇÃO URBANA 97

3.4. O PROJETO DE HABITAÇÃO E URBANIZAÇÃO DA VILA DA BARCA 105

3.4.1 O INÍCIO DO PROJETO DE HABITAÇÃO E URBANIZAÇÃO DA VILA DA BARCA: OS OBJETIVOS ... 106

3.4.2 AS ETAPAS DO PROJETO DE HABITAÇÃO E URBANIZAÇÃO DA VILA DA BARCA 110

CAPÍTULO 4 113

PAISAGEM, PERCEPÇÃO E QUALIDADE DE VIDA NA VILA DA BARCA 113

4.1. PERCEPÇÃO DOS MORADORES SOBRE A PAISAGEM CONSTRUÍDA A PARTIR DO PROJETO DE HABITAÇÃO E URBANIZAÇÃO DA VILA DA BARCA.... 114

4.1.1 TOPOFILIA E TOPOFOBIA NA VILA DA BARCA 118

4.1.2 SENTIMENTO DE TOPOFOBIA 120

4.1.3 A PERCEPÇÃO DOS MORADORES SOBRE O PROJETO DE HABITAÇÃO 126

4.1.4 A CASA E AS FORMAS DE MORAR: ELEMENTOS QUE SE DESTACAM NA REPRESENTAÇÃO DA PAISAGEM DA VILA DA BARCA 136

4.2. REFLEXÃO SOBRE A QUALIDADE DE VIDA DOS MORADORES DA VILA DA BARCA GERADA PELO PROJETO DE HABITAÇÃO E URBANIZAÇÃO. 146

4.2.1 O SIGNIFICADO DOS QUINTAIS: A EXTENSÃO E O ESPAÇO DE LAZER E CONTATO ENTRE OS VIZINHOS. 151

CONSIDERAÇÕES FINAIS 162

REFERÊNCIAS 166

INTRODUÇÃO

A análise a ser desenvolvida nesta pesquisa se refere às consequências socioambientais oriundas do Projeto de Habitação e Urbanização da Comunidade da Vila da Barca, em Belém do Pará. Em meio a essa discussão, torna-se indispensável entendermos a dinâmica de ocupação do espaço urbano de Belém, e assim compreendermos a estrutura atual de áreas consideradas inadequadas à ocupação social.

Spósito (2005), por meio de seus estudos sobre questões ambientais urbanas, mostra a influência do papel desempenhado pelo processo de urbanização no cotidiano do mundo atual e a consequente construção de novas formas na cidade, o que evidencia cada vez mais as contradições entre elementos ambientais e sociais.

O processo de urbanização[1] do Brasil teve entre suas consequências a "segregação" a qual Mendonça et al. (2004) denominou de cidades fragmentadas, tendo em vista que devido às pressões decorrentes das especulações imobiliárias, os sujeitos[2] pobres da cidade foram

---

[1] Segundo Maiolino (2008), pode-se entender processo de urbanização como aquele que ressalta elementos como aumento demográfico nas cidades, tornando com isso, o número de população urbana maior que a rural, e por consequência o aumento de serviços infraestruturais, maior circulação econômica e de serviços, além de aumento das residências verticais e horizontais, bem como construções de loteamentos irregulares e crescimento de favelas, pobreza, entre outros elementos.

[2] Pessoas de classes mais baixas que vieram, em grande parte, do interior dos estados para ocupar áreas urbanas consideradas sem infraestrutura adequada a moradia.

direcionados a viver em favelas, cortiços, loteamentos irregulares e loteamentos clandestinos. Sendo esses espaços considerados precários de infraestrutura e impróprios à habitação, os mesmos são entendidos como de risco a vida social.

O aumento do processo de segregação social[3] e espacial se torna diretamente proporcional à intensificação das degradações ambientais em espaços urbanos, inviabilizando dessa forma, a qualidade de vida (JACOBI, 2006).

No que se refere à área de estudo desta pesquisa, a Vila da Barca[4], a crescente urbanização somada à busca por moradia, contribuiu para intensificar a autoconstrução de ocupações em áreas consideradas ambientalmente inadequadas causando degradações socioambientais. Nessa lógica se deu a ocupação nas áreas de planície de inundação[5] de Belém, como é possível observar na Vila da Barca.

---

[3] A segregação, conforme Corrêa (1995), tem o caráter de selecionar a ocupação das áreas mais adequadas (constituída de infraestrutura) de acordo com o status que cada grupo social ocupa.

[4] Localizada à margem direita da baía de Guajará, local que sofre constantes alagamentos e oscilações de marés. Sendo que, algumas vezes, ocorre a superação do limite das estivas (pontes que têm a função de facilitar a circulação dos pedestres, construídas de madeira e dispostas acima do nível da água). No caso da Vila da Barca, estas pontes são nomeadas como alamedas, ruas, travessas e etc., tendo em vista que todas têm sua denominação, como uma forma de permitir a localização das habitações dos moradores.

[5] Superfície pouco elevada acima do nível médio das águas sendo frequentemente inundada por ocasião das cheias. É

Com relação às degradações socioambientais, Ribeiro (2008) demonstra que essas ações são resultado de alterações feitas pelas sociedades à natureza, independente de seu desenvolvimento. Consequências de um movimento de urbanização intenso nos centros urbanos "compensados por projetos ou vultosos investimentos financeiros", ressaltando em cidades sem infraestruturas aptas aos contingentes populacionais que nelas chegavam.

Seguindo a lógica de ocupação do espaço urbano, as áreas centrais se tornaram alvo de especulações imobiliárias e logo, as mais onerosas, restando às áreas "inadequadas" à habitação, aos sujeitos mais pobres.

O interesse por esse debate veio se desenvolvendo no decorrer de observações, inicialmente empíricas, sobre a forma como os projetos habitacionais são implantados, em especial o caso da Vila da Barca chama atenção por ser uma área que conforme Villar (2008) é ocupada a mais de sete décadas e passa pela implantação da política de projeto habitacional.

No tocante ao projeto da Vila da Barca, denominado Projeto de Habitação e Urbanização da Vila da Barca, este consiste na promoção de habitações e inserção de infraestrutura adequada à qualidade de vida dos moradores. O Projeto é oriundo de reivindicações populares e está inserido em políticas de âmbito federal (Palafita Zero). Estima-se que a área foi contemplada devido às reivindicações dos moradores somada ao fato da área está localizada à margem da baia de Guajará, próxima a um eixo que passa por políticas de Requalificação Urbana.

---

também chamada terraço ou várzea, leito maior, etc.(GUERRA; GUERRA, 2003, p. 494).

No decorrer desse tempo, as alterações socioambientais ocorreram de acordo com as dinâmicas passadas nesse espaço, como por exemplo, o processo de autoconstrução das habitações que, num primeiro momento, eram prioritariamente de madeira. Posteriormente, a construção passou também a ser feita em alvenaria e, atualmente, de blocos verticais.

Com o aterramento de parte do leito fluvial[6] direito da baía, uma série de novas construções foi implantada. E mediante todo esse processo, há aqui a necessidade de se fazer um recorte temporal da área de estudo que se refere ao período entre 1990 a 2012. A relevância do recorte é demonstrar duas décadas de influências diferenciadas na paisagem. A primeira foi implementada prioritariamente por ações da comunidade; enquanto a segunda foi oriunda da influência do Projeto de Habitação e Urbanização da Vila da Barca.

Destaca-se que a escolha da área de estudo, deveu-se ao fato da mesma resultar de um processo de ocupação, que segundo os órgãos de planejamento, é classificada como "desordenada", bem como o fato de seus moradores terem uma origem considerada tradicional, sendo parte deles, sujeitos oriundos de áreas ribeirinhas do interior do estado (PARÁ, 2009).

Como em todo grupo social, a comunidade da Vila da Barca passou por transformações em sua vivência, sendo notória a presença de novos hábitos, pouco a pouco

---

[6] Canal escavado pelo talvegue do rio para o escoamento dos materiais e das águas. Em função do escavamento desse talvegue resulta a *forma do vale*, das *vertentes* e também das próprias *cristas* (GUERRA; GUERRA, 2003, p. 386).

incorporados a essa comunidade. Estes se somam aos seus costumes tradicionais reproduzidos durante o tempo de vivência nesse espaço.

Aos que construíram sua história de vida no espaço urbano de Belém é praticamente impossível não ter percebido que no decorrer do tempo, particularmente entre 1990 e 2012, as áreas centrais de Belém passaram por um processo de modernização, dentre outros, no setor da construção civil, que ainda hoje vem modificando a paisagem de Belém e de outros municípios da Região Metropolitana.

Cabe ressaltar que este trabalho não tem como objeto de pesquisa a cidade, mas a problemática socioambiental[7] ocorrida nela, entendendo-a segundo Mendonça et al. (2004), como uma paisagem resultante da interação entre as construções humanas somadas ao suporte que a precedeu, a saber, a natureza somada às atividades humanas. Dessa interação surgirão ambientes aprazíveis à vida humana ou degradáveis à reprodução da vida social.

Em meio a essa interação socioambiental passada pela cidade, a Vila da Barca, não ficou de fora, recebendo maior inserção de casas de alvenaria numa área em que prevalecia a autoconstrução de casas feitas de madeira, dando à Vila, outra paisagem (SOUZA, 2006).

O conceito de paisagem utilizado nessa pesquisa será o de Bertrand e Bertrand (2009), em que este se refere a

---

[7] Oriunda da relação socioambiental que, conforme Mendonça (2002, p.126), vem "para enfatizar o necessário envolvimento da sociedade enquanto [...] parte fundamental dos processos relativos à problemática ambiental contemporânea".

fatores naturais e visíveis, bem como, sua relação com os aspectos da sociedade que se reproduz nesse ambiente, isso é, ligada diretamente às influências que esses grupos têm sobre esse ambiente de vivência e consequentemente a influência que o ambiente tem sobre os aspectos culturais desse grupo.

Conforme Trindade Jr. (2009), com esse processo de modernização, ou requalificação urbana[8] que vem passando a área central de Belém, o Estado passou a se inserir de forma mais visível na Vila da Barca trazendo consigo a intenção de renovação que se daria por meio do Projeto de Habitação e Urbanização da Vila da Barca, implantado pela Prefeitura de Belém, em 2000.

Tendo em vista os problemas sociais vivenciados na Vila, tais como: inexistência de saneamento básico, violência, marginalidade, precário sistema de abastecimento de água, moradias inseguras etc. Este projeto visa proporcionar a melhora na qualidade de vida desses moradores através da elevação nas suas condições socioambientais, denotadas por projetos como: habitação, saúde, educação, geração de renda, segurança, entre outros.

Para o desenvolvimento dessa pesquisa é necessário análise acerca das seguintes problemáticas:

Quais as implicações da reconstrução da paisagem da Vila da Barca para a qualidade de vida de sua comunidade?

Como problemáticas específicas têm-se:

Quais as consequências dos Projetos de Requalificação Urbana nas áreas de planície de inundação de Belém?

---

[8] Dar nova qualidade ao espaço por meio de um novo perfil.

Houve alguma mudança no significado da Vila da Barca para os seus moradores, após a implantação do projeto habitacional[9]?

O projeto habitacional da Vila da Barca foi pensado no sentido de promover uma qualidade de vida socioambiental urbana para essa comunidade?

A contribuição desse trabalho tem o sentido de aumentar o debate sobre a forma que historicamente os projetos habitacionais urbanos vêm sendo implantados, em meio a isso, levar ao Estado e suas instâncias administrativas a perspectiva da população envolvida sobre as propostas apresentadas pelos projetos habitacionais.

Diante desta justificativa, esta pesquisa tem como objetivo principal analisar a reconstrução da paisagem da Vila da Barca e suas implicações para a qualidade de vida da comunidade. Como objetivos específicos, pretende-se:

a) Analisar as consequências dos Projetos de Requalificação Urbana nas áreas de planície de inundação.

b) Identificar mudanças no significado da Vila da Barca para os seus moradores após a implantação do projeto habitacional.

c) Explicar até que ponto o projeto habitacional da Vila da Barca foi pensado no sentido de promover uma qualidade de vida ambiental urbana para essa comunidade.

---

[9] São projetos planejados pelo Estado com a finalidade de melhorar a qualidade de vida das populações mais pobres da sociedade, dando a elas uma dignidade ao proporcionar um lar para a desenvolvimento social de sua família.

Para a devida construção do trabalho a metodologia a ser utilizada compõe-se das seguintes etapas:

I- Levantamento crítico da bibliografia envolvendo a questão conceitual e literatura regional para o maior entendimento e embasamento acerca da temática. Esse material foi importante para a estruturação inicial da pesquisa e apoio em seu desenvolvimento. Dentre esse material bibliográfico está o projeto proposto pelos órgãos públicos para a implantação na Vila da Barca, projeto que teve uma avaliação minuciosa para que possa alcançar o segundo objetivo dessa pesquisa.

II- Para a realização dessa análise, a pesquisa contou com as seguintes metodologias: trabalho de campo, que se deu ao longo do espaço da Vila da Barca, especificamente nos blocos, nas palafitas, portos, área de atuação da construtora e do Plantão Social da SEHAB, Associação comunitária e seu entorno. O livre trânsito da pesquisadora por esses espaços possibilitou *a priori*, um primeiro reconhecimento da realidade dos moradores e ambiente da área, bem como, uma análise de sua disposição espacial. A continuidade das observações empíricas viria a respaldar elementos discutidos nesse trabalho. Tal metodologia foi utilizada para análise do primeiro objetivo dessa pesquisa.

III- Entrevistas semiestruturadas realizadas com vinte e duas pessoas da Vila, envolvendo os moradores da atual área do projeto e aqueles que ainda permanecem nas palafitas. Foi entrevistado também, um membro da associação comunitária. O número reduzido de entrevistados deve-se ao fato da pesquisa ser considerada qualiquantitativa, analisando a percepção dos sujeitos da comunidade e transformando algumas informações em dados estatísticos. A estrutura do questionário corresponde a dezesseis questões subjetivas e abertas com a intenção de não torná-lo tendencioso; deixando os entrevistados a vontade, sem persuadi-los a responderem a algo predeterminado. As entrevistas foram feitas com os moradores de blocos e palafitas, entre eles estavam nove mulheres, com faixa etária entre 19 a 78 anos, sendo três acima de 60 anos. Quanto aos homens, estes foram treze, com faixa etária entre 21 a 61 anos dos quais, apenas um tem acima de 60 anos. Dentre os sujeitos selecionados, estes foram de ambos os sexos e faixas etárias, no sentido de se fazer uma análise sobre o significado da Vila para eles, bem como, fazer um resgate da história desse lugar principalmente por meio de relatos. Há que se ressaltar que em decorrência dos moradores da comunidade já terem passado por incontáveis entrevistas, devido a comunidade ser alvo de pesquisas acadêmicas e públicas, estes estão desacreditados do retorno de tais pesquisas e devido a isso, muitos se recusaram a participar da pesquisa, o que inviabilizou a seleção mais criteriosa dos entrevistados.

Esse elemento metodológico foi um dos principais instrumentos de análise para alcançar o primeiro objetivo proposto por essa pesquisa.

IV- Uso de material cartográfico como ortofotos da área de estudo (produzidas pela CODEM na década de 1990), para subsiciar uma análise do processo de ocupação do espaço e (re)construção da paisagem; além de imagens de satélite Landsat para trabalhar com essas imagens em décadas mais atuais (2010). Esse material foi utilizado no segundo capítulo para localização da área de estudo e espacialização das representações a serem utilizadas na pesquisa.

V- Produção de mapas temáticos da área de estudo, destacando a área de atuação do projeto e a área ainda não atendida pelo mesmo (casas em palafita).

VI- A produção de material fotográfico.

VII- Como etapa final e paralelamente às etapas acima, a análise e a sistematização das informações para produção do trabalho final.

A estrutura desse trabalho é composta pela introdução, quatro capítulos analíticos e conclusão.

No primeiro capítulo intitulado "A paisagem e as questões socioambientais", foram utilizados os conceitos necessários ao desenvolvimento teórico da pesquisa, iniciando com a discussão da paisagem tendo em vista que é sobre ela que as alterações da forma e conteúdo simbólicos ocorrem, além de elementos indispensáveis à sua compreensão, tais como cotidiano por meio da leitura do lugar e qualidade de vida, possibilitada pela leitura de seus indicadores objetivos e indicadores subjetivos, dando ênfase a estes últimos, a partir do enfoque da percepção dos moradores da comunidade da Vila da Barca.

No segundo capítulo, intitulado "O processo de ocupação da área central de Belém e a (des)preocupação com as áreas de planície de inundação" foi realizada breve análise sobre as características do sítio urbano do centro de Belém relacionado a sua dinâmica de ocupação, em meio à construção de habitações em áreas fisicamente inadequadas, intensificando problemas socioambientais urbanos.

No terceiro capítulo, intitulado "A Vila da Barca como objeto de estudo" foi apresentada a história de formação da Vila e suas características ambientais e sociais; a participação dessa comunidade no contexto das reivindicações populares nas áreas de várzea[10] de Belém, culminando com a inserção do Projeto de Habitação e Urbanização implantado nesse lugar.

E finalmente, no quarto capítulo, intitulado "Paisagem, percepção e qualidade de vida na Vila da Barca", foi analisada a percepção dos moradores sobre as influências desse projeto em suas relações socioambientais, uma vez que serão eles os mais influenciados por essas políticas, desde o momento que elas são propostas até

---

[10] Várzea corresponde a terrenos baixos e mais ou menos planos que se encontram junto às margens dos rios. Constituem, a rigor, na linguagem geomorfológica o leito maior dos rios (GUERRA; GUERRA, 2003, p. 633).

serem postas em prática, além da análise da autora da dissertação sobre a qualidade de vida conquistada pelos moradores em decorrência da implantação do projeto.

CAPÍTULO 1
A PAISAGEM E AS QUESTÕES SOCIOAMBIENTAIS

Fundamentando-se no conceito de paisagem, entende-se que o quadro das alterações socioambientais no meio urbano de Belém contribuiu substancialmente para a criação ou remodelação das paisagens, em especial na área referente à vivência da comunidade da Vila da Barca.

Mas não se pode analisar esse conceito de paisagem de qualquer forma, uma vez que ele é utilizado por diferentes áreas do conhecimento, tais como: biológica, arquitetônica e urbanística, entre outras, que o tratam por meio de variados enfoques que vão se dá de acordo com cada objetivo.

1.1. PAISAGEM NATURAL E PAISAGEM CULTURAL

Pozzo e Vidal (2010), destacam a etimologia da palavra paisagem para analisar as abordagens geográficas feitas com esse conceito, o qual se destacam duas principais línguas: as latinas (paysage, paisaje, paisagem, etc.) e as germânicas (landschaft, landscape, etc.).

Na língua latina o radical *pag* se aproxima do sentido de fixar, ou um limite fixado na terra. Posteriormente surgiu o vocábulo francês *pays* representando o sentido de região, no contexto do Renascimento o termo *paysage* adquiriu valores artísticos significando nas línguas latinas a extensão de território que o olhar alcança. (POZZO E VIDAL, 2010)

Com referencia a segunda língua, *land* representa espaço livre ou aberto, tendo também influencias do período Renascentista e devido a ele passou a ser entendido como espaço compreendido pela visão. (POZZO E VIDAL, 2010)

No que se refere aos diferentes enfoques sobre paisagem, um deles pode ser analisado através da discussão de Rodriguez e Silva (2002), em que, ao analisar as abordagens geográficas acerca da paisagem, destacam sua noção a partir do termo alemão Landschaft, o qual foi desenvolvido inicialmente por Humboldt e perdurou até os primeiros anos do século XX, demonstrando uma concepção fortemente natural, havendo interação entre todos os componentes naturais (rocha, relevo, clima, água, solo e vegetação) e um espaço físico concreto. Dessa forma, tais componentes não eram mais analisados de forma isolada ou pontual, mas agora interagindo de forma completa em determinado espaço.

Para Polette (2004),

> A paisagem pode ser definida como um sistema territorial composto por componentes e complexos de diferentes amplitudes, formados com base na influencia dos processos naturais e das diferentes atividades humanas, consideradas em permanente interação e em um contexto histórico. Atualmente, esse conceito tem forte conotação de unidade cultural e econômica, pois apresenta estrutura e função definidas e suas mudanças ocorrem justamente pela ação antrópica, resultado da cultura absorvida pelo ser humano. (POLETTE, 2004, p. 35)

Para Gómes-Orea (1991) apud Rampazzo, Pires e Henke-Oliveira, (2004), a paisagem é analisada como manifestação externa do meio, desempenhando a função de um indicador da condição dos ecossistemas, da saúde, da vegetação, das comunidades animais e do tipo de uso e aproveitamento da terra. Podendo ser considerada como

> (...) uma nova categoria de recurso natural em termos de utilidade para a sociedade. Por ser um recurso quanti e qualitativamente escasso, transforma-se em um bem econômico, sendo apreciada tanto em função de seus aspectos positivos (relevo heterogêneo, presença de água, vegetação, elementos topográficos característicos,

> possibilidade de observar animais, etc.) como pelos negativos (presença de resíduos, poluição das águas, ruídos, alterações na topografia, etc.). (RAMPAZZO, PIRES E HENKE-OLIVEIRA, 2004, p. 346).

Santos (2004) concebe a paisagem como resultado da combinação de objetos naturais e objetos fabricados, ou sociais, resultando do acúmulo de ações de muitas gerações. A paisagem acompanha as mudanças de diversos aspectos, tais como: na economia, em suas relações sociais e políticas, entre outras. Ela acompanha o ritmo de transformação ocorrente para dar conta das novas necessidades surgidas.

Mezzomo (2010) aborda teóricos da paisagem que a entendem a partir da interação dos componentes naturais com as ações antrópicas, caso de Alfred Hettner, para quem isso representava a globalidade da paisagem, contribuindo nos estudos sobre a interelação dos elementos naturais com os humanos. Essa perspectiva influenciou a escola alemã, que apresentou diferentes preocupações entorno do conceito de paisagem, estando esta abordando a relação entre os elementos naturais e culturais. Sendo a paisagem vista como conceito integrador entre geografia física e geografia humana.

A autora traz ainda a abordagem de Tricart que expõem que

> (...) não há ecossistemas sem que haja a interferência do homem de alguma forma. Neste sentido, a interpretação sistêmica permitiria adotar uma atitude dialética entre a necessidade da análise,

resultante do próprio progresso da ciência e das técnicas de investigação, e a necessidade de uma visão de conjunto capaz de ensejar uma atuação eficaz sobre o meio ambiente. Esta forma de abordagem é chamada de ecodinâmica e os estudos visualizam a paisagem numa perspectiva evolucionista, baseada na interação entre os elementos bióticos e abióticos (TRICART, 1977 apud MEZZOMO, 2010, p. 6-7).

O conceito de paisagem abrange dinâmicas e conexões estabelecidas entre os seguintes elementos: as relações culturais, o apego ao lugar, às marcas da resistência, as formas de sobrevivência, entre outros.

Por toda essa expressividade, o conceito geográfico utilizado nessa pesquisa, será a paisagem, a partir da perspectiva de Bertrand e Bertrand (2009), que a entendem enquanto produção cultural, resultado da relação entre a natureza e a sociedade, uma vez que ambas não podem ser entendidas isoladamente, já que estão em constante interação. Assim, pode-se fazer uma dupla interpretação sobre a paisagem, como: fenômeno cultural e fenômeno natural.

Como natureza-sujeito, é definida a partir de um fenômeno cultural em que "só há existência social através de um processo que vai da formação da imagem à sua interpretação social" (BERTRAND; BERTRAND 2009, p. 219).

A paisagem enquanto natureza-objeto é entendida como um fenômeno natural, em que "existe independente de quem a observa ou do próprio ato da observação sendo vista como nada além de uma porção do espaço terrestre" (BERTRAND; BERTRAND, 2009, p. 219).

As análises vistas acima se tomadas isoladamente podem ser consideradas contraditórias, dessa forma propõem-se sua interação, a qual acaba se tornando relevante, tendo em vista que ambas as interpretações se complementam para se chegar ao real conceito a ser desenvolvido acerca da paisagem. Dessa forma, a paisagem é entendida a partir da inter-relação da discussão socioambiental.

A abordagem metodológica a ser utilizada nesse trabalho se apoia no resultado da interação entre natureza-sujeito e natureza-objeto, ocorrida nas discussões de Bertrand e Bertrand (2009, p. 224) em que estes entendem a paisagem como algo que:

> (...) não é mais esta entidade neutra e compassada que paira imutavelmente sobre o campo social. É um produto econômico e cultural integrado ao sistema social, mas ela não pára de surgir e funcionar como um sistema ecológico.

A análise da paisagem perpassa pelo âmbito morfológico, estrutural e funcional, todos vistos de forma conjuntural. Vindo a se constituir como um processo em transformação, por consequência, um fenômeno inscrito na história, consistindo em uma interpretação social da natureza.

1.2. PAISAGEM E MEIO AMBIENTE

A relação do conceito de paisagem com o termo socioambiental expressa a ideia de que as transformações na paisagem, por sua vez, influenciam em suas relações entre os grupos sociais e o ambiente que o cerca, refletindo desde seus espaços, até o uso de seus recursos utilizados para sua subsistência, alterando a própria relação entre os sujeitos.

De acordo com Mendonça (2002), o conceito anterior de ambiente não englobava questões socioambientais, tratava apenas de questões naturais. Atualmente esse termo engloba todas as questões humanas como parte do meio e, diante dessa transição, para reafirmar o alcance dos conceitos contemporâneos, há uma forte tendência à utilização do termo socioambiental "para enfatizar o necessário envolvimento da sociedade enquanto [...] parte fundamental dos processos relativos à problemática ambiental contemporânea" (p. 126).

De posse dessa relação construída da interação entre sociedade e ambiente é que se percebe que seu resultado, a saber:

> A paisagem, patrimônio cultural e econômico, é assumida como uma herança. A casa da família, a propriedade ou a exploração agrícola fazem parte da paisagem. Permanência cultural que favorece certo respeito do passado e que freqüentemente entra em oposição com os imperativos da mudança econômica e social

(BERTRAND; BERTRAND, 2009, p. 222).

Tendo em vista que os grupos sociais têm dinâmicas de vivência diferenciadas, que se dão de acordo com seu modo de vida, por assim dizer, acabam percebendo a paisagem de sua morada e relações sociais de forma particular. Diferentes daqueles que não viveram seu processo histórico, não vivenciaram a sua construção, suas lutas, suas dinâmicas e que por isso não construíram laços afetivos.

Por isso, quando se relaciona a paisagem a partir da perspectiva do espaço vivido-concebido, há de se entender que a paisagem é um elemento componente da natureza, mas também é constantemente transformado de acordo com as relações econômicas e culturais dos diferentes grupos sociais que moldam constantemente a construção da forma, do conteúdo e do processo dessas paisagens para melhor se adequar a seus traços culturais (BERTRAND; BERTRAND, 2009).

Por isso, para se analisar uma paisagem não basta partir do visível, mas se entender a experiência vivida das populações que as habitam. Partindo dessa perspectiva, se contará com o apoio de Carlos (2001, p. 219), em seu entendimento acerca do conceito de lugar, para quem:

> o mundo humano é objetivo e povoado de objetos que ganham sentido à medida que a vida se desenvolve como a casa, a rua, a cidade, formando um conjunto múltiplo de significados. Estes

por sua vez, constituem o mundo da percepção sensível, carregados de significados afetivos ou representações que, por superarem o instante, são capazes de traduzir significados profundos sobre o modo como estas se construíram ao longo do tempo.

1.3. PAISAGEM E LUGAR

A discussão entre paisagem e lugar se torna pertinente, uma vez que, as relações sociais necessariamente se dão a partir da existência de um ambiente físico o qual serve de base para a construção de seus objetos de acordo com sua cultura ou permeado pela lógica econômica vigente.

Inserido na discussão sobre lugar, Tuan (1980, p. 5) desenvolve um conceito de Topofilia, que expressa de forma peculiar a representatividade deste para os grupos e indivíduos a partir de suas percepções, considerando tal conceito como "(...) o elo afetivo entre a pessoa e o lugar ou ambiente físico. Difuso como, vivido e concreto como experiência pessoal". Para este autor, a consciência do passado é compreendida como elemento relevante para o apego ao lugar.

A Topofilia está diretamente ligada ao sentimento construído a partir da história vivida no lugar, relaciona-se a satisfação de grupos e indivíduos em reproduzir seu modo de vida em determinado lugar ou meio ambiente, podendo ainda mudar sua percepção acerca desse lugar a partir da mudança de sua relação com o mesmo

> As imagens da Topofilia são derivadas da realidade circundante. As pessoas atentam para aqueles aspectos do meio ambiente que lhes inspiram respeito ou lhes prometem sustento e satisfação no contexto das finalidades de suas vidas. As imagens mudam à medida que as pessoas adquirem novos interesses e poder, mas continuam a surgir do meio ambiente: as facetas do meio ambiente, previamente negligenciadas são vistas agora com toda claridade. (TUAN, 1980, p. 137)

Para Tuan (1980, p.129), "o meio ambiente pode não ser a causa direta da topofilia, mas fornece o estímulo sensorial que ao agir como imagem percebida, dá forma às nossas alegrias e ideais".

Vale frisar que Tuan (1980), utiliza um conceito que pode ser interpretado como adverso ao primeiro, é o de topofobia que se refere a medo, repulsa, o não apego ao lugar. Esse sentimento, ao contrário da topofilia é resultado da inexistência de afetividade, de criação de significado para o sujeito, ou ainda, é considerado um espaço estranho, nesse sentido, não tendo o valor simbólico representado por um lugar.

Retornando ao conceito de topofilia, Tuan (1983, p. 198) considera o lugar enquanto um espaço inteiramente familiar. Entre as razões de ser um lugar, estão o fato de: este proporcionar abrigo, onde uns se preocupam com os outros, onde há lembranças e sonhos, é ainda "um mundo de significado organizado".

Compartilhando da discussão acerca do conceito de lugar, Damiani (2010) o considera como

> o lugar acima de tudo, não é o particular, perdido do mundo, é o diferente. Nasce do embate com os outros lugares, com a totalidade dos lugares, o mundo. Coloca-se no mundo para ser o lugar. O que rege a existência do lugar, como do cotidiano, é o desenvolvimento desigual (p. 170).

Nesse sentido, o lugar era considerado o espaço dos antigos 'gêneros de vida' ressaltando suas especificidades e singularidades desses gêneros. Atualmente se considera o lugar no mundo, e em contrapartida a isso, se criou o lugar do cotidiano que por conseqüência nivela as necessidades, promove o alinhamento dos desejos sobrepondo uns aos outros, promovendo cotidianidades análogas.

Em relação à cotidianidade, Damiani (2010, p. 163) a entende como um resíduo, que vem a dar lugar ao: informal, espontâneo; desconsiderando dessa forma as ações programadas.

> De qualquer forma, o cotidiano, em relação ao econômico e ao político, amplia o universo de análise para tantas outras relações entre os indivíduos e grupos, inclusive particulares, locais. Inclui o vivido, a subjetividade, as

emoções, os hábitos e os comportamentos.

A relação do cotidiano junto ao lugar é ressaltada enquanto envolvente das relações próximas, que mesmo sendo pertencente de uma lógica global e mundializante, consegue demonstrar sua singularidade (DAMIANI, 2010).

A experiência vivida pelos diferentes grupos sociais ocorre em seu cotidiano, sendo este representado pela reprodução das constantes relações sociais, ou seja, a relação dos sujeitos entre si e destes com os objetos que os cercam, já que ambos estão permeados de significados.

Sua relação se dá para além do âmbito da lógica capitalista de produção, alcançando as relações interpessoais, criando assim, uma carga simbólica que acaba construindo a história dos sujeitos e a importância das formas que servem de testemunhas para o acontecimento dessas relações (CARLOS, 2007).

O cotidiano se dá nos lugares e as relações com os lugares ocorrem no momento em que estes ganham "sentidos através das apropriações vividas e percebidas através do corpo e todos os sentidos humanos" (CARLOS, 2007, p. 43).

Essas apropriações da vida cotidiana, também vão se deixar transparecer, conforme Carlos (2001; 2007), através dos modos de usar o espaço, modos estes que vão para além da influência capitalista, mas estão cheios de valores, nos comportamentos, no papel da mulher, no tipo de lazer, as relações de vizinhança, o ato de ir às compras, o caminhar, o encontro entre os conhecidos, e os atos que vão dando sentido ao habitar.

Sem contar a relação com os elementos físicos, que muitas vezes são "palco" de reprodução cultural ou de expressiva importância para a sua subsistência e algumas vezes até de lazer, como é caso do rio (baía do Guajará) na comunidade da Vila da Barca; a qual expressa, não somente o papel de paisagem de contemplação, mas o de lazer para os que ali viveram sua infância e juventude, para aqueles que precisavam pescar seu almoço e o jantar, ou simplesmente aqueles que sentiam a brisa e o barulho da maré que passava por baixo de suas casas.

As relações, assim como as formas construídas, são os resultados de toda uma dinâmica social e estas representações sociais das paisagens acabam se enraizando na memória coletiva e do imaginário social (BERTRAND; BERTRAND, 2009).

Tendo em vista, a lógica de alterações constantes ocorridas no tempo rápido ou hegemônico, as formas não permanecem imutáveis. Esse é o tempo que rege o espaço das metrópoles, que desconsidera qualquer particularidade nesses espaços. Essa dinâmica da velocidade que move o tempo e o espaço expressa relevância para o grande capital e com ele, surgem novas formas, novas paisagens as quais a sociedade tem que se adequar, junto as suas novas formas e conteúdos. Nesse sentido, quando esta (sociedade) não as aceita, constroem um sincretismo, entre conteúdos passados e os conteúdos que surgem a cada novo dia (SANTOS, 2004).

Carlos (2007, p. 45) expressa que:

> Para o cidadão metropolitano, as formas urbanas se transformam em um ritmo alucinante revelando um

descompasso entre os tempos da forma urbana – impresso na morfologia – e o tempo da vida humana. A metrópole – em sua visão de grandiosidade aparece em formas exuberantes – é vista como o símbolo de um novo mundo, como idéia do moderno e do triunfo técnico. Tal fato se traduz, morfologicamente, pelas formas arquitetônicas grandiosas, pela construção de amplas avenidas congestionadas e ruidosas que se impõe como "formas do progresso". Neste processo de mudanças rápidas, o espaço se torna instável, o profundo processo de mutação cria a destruição dos referenciais que sustentam a vida cotidiana, jogando o cidadão em meio à agitação da multidão cada vez mais densa e amorfa, confrontado com a perda de sua identidade.

Para Carlos (2007), as mudanças não ocorrem apenas no âmbito arquitetônico, ou seja, da forma, mas acabam influenciando e às vezes determinando de forma significativa a perda da identidade desses grupos sociais, levando ao que esta autora denomina de empobrecimento identitário significativo. Tais mudanças vêm se deixando transparecer nas relações cotidianas, como: dissolução das relações de vizinhança, o distanciamento da natureza, o esfacelamento das relações familiares, a mudança das relações dos homens com os objetos, a mudança na vida cotidiana, o surgimento de novos valores, entre outros.

1.4. PAISAGEM E QUALIDADE DE VIDA

As mudanças nas formas e nos conteúdos da cidade surgem, em grande parte, como conseqüência de um discurso de inserção da modernidade, que visa, além do oferecimento de novos serviços, a melhora da qualidade de vida de sua sociedade.

Essa ação ocorre de forma homogênea, pois o que acredita ser mais interessante para determinada classe social (elite), provavelmente, não terá a mesma relevância para outra classe, como a dos pobres da cidade. Estes, que em grande parte, apenas sobrevivem (nas cidades), já que sua vivência passou a acontecer de forma improvisada, precária; contando sempre com a forte ausência dos serviços oferecidos pelo Estado.

O desafio feito às cidades é de que, estas, por sua vez, possam vir a assegurar a existência de qualidade de vida considerada aceitável, tanto pelo aspecto social como ambiental, tomando precauções para se evitar o surgimento de novas áreas degradadas, principalmente em áreas com moradores de baixa renda.

O desafio de melhorar a qualidade de vida das populações pobres[11] da cidade é desvirtuado desde seu planejamento, até principalmente, sua aplicação, limitando-se apenas ao âmbito do discurso. Uma vez que as necessidades sofridas por esses sujeitos são em primeiro plano material, no entanto, não se limitam apenas a essa,

---

[11] Tendo em vista que esta é quem sofre de forma mais expressiva com a ausência ou precariedade dos serviços ditos básicos que devem ser disponibilizados pelo Estado.

pois para eles, outros elementos demonstram relevância. Elementos que vão para além desse âmbito, os quais são os valores simbólicos, construídos a partir das relações sociais criadas nesses lugares, que em grande parte são desconsideradas pelas ações dos planejadores.

No tocante à questão conceitual de qualidade de vida, pode-se dizer, conforme Guimarães ([200?], p. 6) que esta

> é relativa ao modo como as pessoas vivem e como isso interfere em seu desempenho em todas as suas atividades. O Índice de Qualidade de Vida (IQV) mede, geralmente, a segurança, a educação, o trânsito, poder aquisitivo, trabalho, saneamento, infra-estrutura, qualidade do ar, habitação e moradia, lazer e serviços de saúde.

Segundo Braga e Freitas [200?], a abordagem acerca da qualidade de vida é desenvolvida a partir de sua compreensão enquanto índices temáticos utilizados para compor o Índice de Sustentabilidade Local, sendo este último proposto na intenção de contribuir com o recente esforço de construção de indicadores ambientais.

Para as autoras acima, o índice de qualidade de vida é "um indicador de estado, mede aspectos relacionados à qualidade da vida humana e do ambiente construído para o momento atual" (BRAGA; FREITAS, [200?], p. 4).

A qualidade de vida, ao ser considerada como um dos índices temáticos componentes do índice de sustentabilidade local, possui indicadores e variáveis, em que os primeiros serão considerados como: qualidade da habitação, conforto ambiental urbano, condições de vida e renda (BRAGA; FREITAS, [200?]).

Por conseguinte, as variáveis acompanham respectivamente cada indicador, sendo estas: percentual de habitações subnormais, densidade habitacional por cômodos; índice de serviços urbanos, proporção de área verde em relação de área urbanizada, ocorrências de perturbações ruidosas por área de perímetro urbano, mortes violentas anuais per capita; e referente ao último indicador, está a variável renda índice de condições de vida (BRAGA; FREITAS, [200?]).

Nahas (2000, p. 474) trabalha o índice de qualidade de vida urbana a partir de onze variáveis, que são classificadas a partir de quatro categorias de acessibilidade, conforme ela intitula: "*imediata* (Habitação, Infraestrutura Urbana, Meio Ambiente e Segurança); *próxima* (Abastecimento e Educação); *média* (Assistência Social, Saúde e Serviços Urbanos) e *distante* (Esporte e Cultura)"

Para tanto, conforme Vitte (2009), a qualidade de vida está ligada também a manifestações e construções históricas. E o lugar é pensado como o suporte da almejada qualidade de vida, num sentido mais amplo que chega a abarcar elementos econômicos, sociais, políticos, culturais, ambientais. Que em conjunto, vem a participar das construções das identidades e do sentido de pertencimento da comunidade.

> o debate sobre a concepção de qualidade de vida, que não pode estar dissociada da análise das condições materiais, também não pode desprezar

> a perspectiva cultural e simbólica da população, os significados dos lugares que atuam na construção do sentimento de pertencimento da comunidade e principalmente o sentido da natureza na constituição do imaginário e a sociabilidade da comunidade (VITTE, 2009, p. 117).

Sem falar que a questão da qualidade de vida está diretamente ligada à relação da sociedade com a natureza e o grau de transformação feito sobre esta, e logo, o processo constante de antropização que esse ambiente natural vem passando. A qualidade de vida, conforme Vitte (2009), só será alcançada entre outros fatores, se a relação sociedade e natureza tiverem uma relação equilibrada, pois a ação social sobre esta, será refletida diretamente sobre quem tem sua vivência dependente de seus elementos, isto é, a sociedade.

Quando se fala no conceito de qualidade de vida, este pode ser entendido a partir de duas interpretações. A primeira é basicamente a objetiva, pois, refere-se às necessidades ditas básicas da sociedade, que são de âmbito materiais necessários a sua sobrevivência. A segunda interpretação se pauta na subjetividade dos sujeitos, ela é analisada a partir de elementos imateriais como os aspectos simbólicos e os significados criados a partir das relações.

Segundo Herculano (2000), o conceito de qualidade de vida pode ser interpretado a partir de três verbos, que são: ter, amar e ser.

O verbo "ter" está mais relacionado à primeira interpretação mostrada acima, uma vez que destaca os elementos como: recursos econômicos (medidos por renda e riqueza); condições de habitação (medidas pelo espaço disponível e conforto doméstico); emprego (medido pela ausência de desemprego); condições físicas de trabalho (avaliado pelos ruídos e temperaturas nos postos de trabalho, rotina física, stress); saúde (sintomas de dores e doenças, acessibilidade de atendimento médico); educação (medida por anos de escolaridade), entre outros.

Os verbos "amar" e "ser" têm mais proximidade com a segunda interpretação esboçada acima. Pois o "amar" tem a ver com a importância de se relacionar com outras pessoas e formar identidades sociais: o contato mais íntimo com a comunidade local; ligação com a família nuclear e parentes; a construção de amizade; contatos com companheiros em associações e centros comunitários; relações com companheiros de trabalho.

O "ser" tem a ver com a importância intragrupo e desta com a natureza, a ser mensurada com base nos seguintes princípios: em que medida uma pessoa participa das decisões e atividades coletivas que influenciam sua vida; atividades políticas; oportunidades de tempo de lazer; oportunidades para uma vida profissional significativa; oportunidade de estar em contato com a natureza, em atividades lúdicas ou contemplativas.

1.5. PAISAGEM E PERCEPÇÃO

Del Rio e Oliveira (1996, p. 3) entendem a percepção como "um processo mental de interação do indivíduo com o meio ambiente que se dá através de mecanismos perceptivos propriamente ditos e, principalmente, cognitivos". Esses mecanismos perceptivos são entendidos enquanto aqueles dirigidos pelos estímulos externos que podem vir a ser captados pelos cinco sentidos, bem como, pela inteligência dos sujeitos.

Machado (1996) ressalta a importância dos sentidos como elementos fundamentais para a apreensão da realidade que nos cerca, podendo tais sentidos (visão, audição, tato, olfato e paladar) ser considerados comuns, chegando a alcançar um grau de desenvolvimento que se estende para os considerados sentidos especiais, que são: o sentido das formas, de harmonia, de equilíbrio de espaço, de lugar.

Segundo Machado (1996, p. 104), "atividade perceptiva enriquece continuamente a experiência individual e por meio dela nos apegamos, cada vez mais, ao lugar e à sua paisagem, desenvolvendo sentimentos topofílicos".

A percepção, em especial a ambiental, foi desenvolvida a partir da perspectiva de que os atributos do meio ambiente sejam eles natural ou construído. E que os mesmos, acabam tendo influência sobre o processo perceptivo dos sujeitos, em especial sobre um dos sentidos, a visão. Sentido este que vem possibilitar o reconhecimento da qualidade ambiental e, por conseguinte a formação da mesma imagem por vários sujeitos desses grupos.

A percepção cria representações, seja do ambiente em que expressa maior relevância, seja das relações construídas. Mas essas representações não ocorrem para todos os sujeitos da mesma forma, uma vez que, para que elas sejam similares, tem que representar o mesmo significado.

Isso só ocorre quando os sujeitos têm os mesmos valores, os mesmos apegos ao lugar, veem a paisagem e a entendem da mesma maneira, sendo percebido quando ambos têm a mesma história, a mesma vivência, suas relações se dão entre estes e deles com o ambiente de seu cotidiano.

Sendo necessário fazer essa leitura da percepção, para que a partir da percepção dos sujeitos que ocupa a Vila da Barca, se possa compreender o significado desse lugar para eles, bem como, fazer a discussão acerca dos projetos que para eles seriam mais relevantes, na verdade, suas reais necessidades e em meio a elas, o que de relevante eles iriam preservar.

Esses aportes teóricos servirão, em conjunto, de subsídios para as seguintes discussões acerca da intensidade do processo de urbanização das cidades, em especial, das metrópoles e a atração constante que elas acabam criando para si. O desejo daqueles que a enxergam enquanto o lugar das oportunidades e em meio a isso, chegam e contribuem para o aumento da degradação socioambiental nesse meio urbano.

Como alternativa dessas precariedades sociais, surgem os Projetos que visam promover a qualidade de vida a esses sujeitos, que são vistos como os pobres da cidade. No entanto, esses Projetos levam em consideração apenas a falta de bens materiais e desconsideram a importância dos significados socioambientais e culturais criados e reproduzidos por esses sujeitos, a exemplo do que ocorre na comunidade da Vila da Barca.

CAPÍTULO 2
O PROCESSO DE OCUPAÇÃO DA ÁREA CENTRAL DE BELÉM E A (DES)PREOCUPAÇÃO COM AS ÁREAS DE PLANÍCIE DE INUNDAÇÃO

Em decorrência da organização da Vila da Barca se dispor sobre o sítio urbano é que se faz necessário sua compreensão para relacioná-lo ao processo de expansão e ocupação de Belém.

2.1. SÍTIO URBANO DE BELÉM

Belém localiza-se numa península cercada ao sul pelo rio Guamá, a oeste pela baía do Guajará, ao norte pelo furo do Maguari e a leste se limita com o município de Ananindeua. Está à margem direita da baía de Guajará, entre as coordenadas 1°20' de latitude sul e 48°30' de longitude oeste de Greenwich (FERREIRA, 1995).

As características geomorfológicas, conforme a Figura 1, mostram um relevo de baixo a levemente ondulado, situado entre terrenos secos e alagados, os quais compõem diferentes tipos vegetacionais e espécies animais (BATES, 1944 apud PINHEIRO, 1987).

A Vila da Barca, objeto desta pesquisa, localiza-se no município de Belém à margem direita da baía de Guajará. Tanto o ambiente em sua margem, como a comunidade, que lá reside e constrói suas relações sociais nesse lugar, estão susceptíveis à dinâmica natural da baía e de seu consequente movimento das marés.

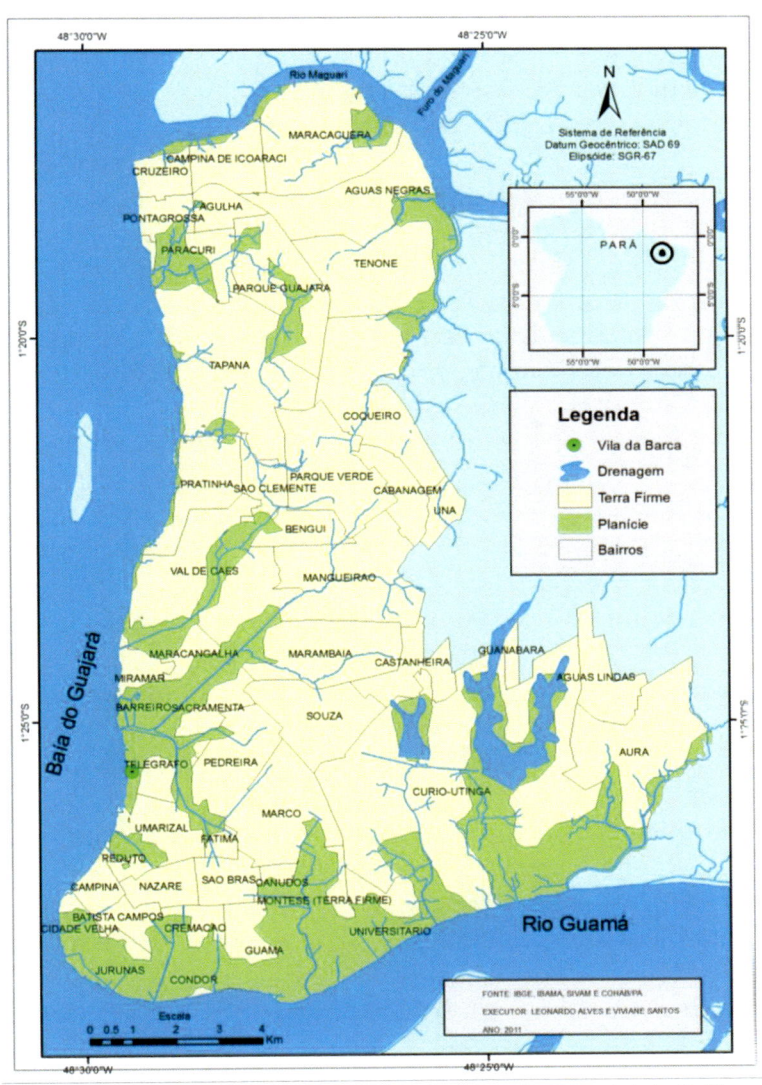

Figura 1. Disposição geomorfológica da área continental de Belém.

A baía do Guajará é resultado da confluência dos rios Acará e Guamá, em que seu curso se dá a noroeste da cidade de Belém, se estendendo até suas ilhas de Mosqueiro e Outeiro (PINHEIRO, 1987).

Com relação à configuração geológica-geomorfológica da Região Guajarina, o estudo do Quaternário se relaciona à história geológica do Terciário da Amazônia. Sua geomorfologia atual, em grande parte, reflete o arcabouço estrutural do embasamento dessa região, seja do encaixe em sua estruturação ou oriunda de reativações e ajustes tectônicos mais recentes (PINHEIRO, 1987).

Conforme estudos realizados pela Companhia Docas do Pará (1972), através de perfurações rasas que alcançou em torno de 45 m, o material encontrado é datado do Pleistoceno/Holoceno. Tais sedimentos se relacionam à sequência Pós-Barreira, estando entre o Pleistoceno e o Holoceno Inferior e Médio (PINHEIRO, 1987, p. 132).

Os processos geológicos ocorrentes na Amazônia acabaram gerando um modelado em Belém, este por sua vez se subdivide em duas unidades morfológicas, que são: terraços de idade pleistocênicas, conhecidos como Terra Firme, que não sofrem inundações periódicas, em decorrência de sua topografia que varia de 4 a 20 metros de altitude, sendo ainda, coberto por laterita.

A segunda unidade é composta pelas Planícies Holocênicas denominadas de várzeas ou baixadas[12], com níveis topográficos baixos que vão de 0 a 4 metros de altitudes, são áreas que sofrem inundações diárias, que se dão pela influência das marés ou de índices pluviométricos

---

[12] Denominação popular dada às áreas de várzea ou alagadas.

intensos. Este segundo modelado está presente no entorno da baía do Guajará, do rio Guamá e de baixos cursos dos igarapés que recortam a Região Metropolitana de Belém (FERREIRA, 1995, p. 31).

A flora existente nas margens estuarinas tem uma relação direta com as características geomorfológicas, podendo ser classificada como: vegetação de várzea, por se localizarem em áreas inundáveis, regido pelo período de oscilação das marés; vegetação de floresta densa, localizada em Terra Firme; e a floresta secundária, que se encontra em áreas desmatadas (PINHEIRO, 1987).

Nos terrenos que margeiam Belém, há o predomínio das várzeas baixas que vão se elevando gradativamente de seu interior em direção as zonas de várzeas mais altas, isso é, da baía em direção ao continente.

Com relação às várzeas, estes são terrenos que sofrem a influência das águas das marés apenas durante a ocorrência das grandes enchentes, essas várzeas se dispõem em grandes extensões das margens estuarinas, percorrendo suas ilhas, terras altas de Belém e terrenos próximos (PINHEIRO, 1987, p. 139).

2.2. PROCESSO DE OCUPAÇÃO DE BELÉM

Para a análise do processo de ocupação da Vila da Barca é imprescindível que se considere o processo de ocupação do município de Belém, pelo fato dele ter ocorrido também nas áreas de Planície de Inundação (várzeas) existente nesse município. Tendo em vista que, quando se analisa o processo de ocupação de Belém, observa-se que este se deu a partir da seleção de áreas consideradas geomorfologicamente mais altas, deixando as áreas de Planície de Inundação em segundo plano e como alternativa de moradia para os sujeitos mais pobres da cidade.

De acordo com Moreira (1966), o processo inicial de expansão urbana ocorrida em Belém pode ser definido conforme três fases, que são: "periférica ou ribeirinha", que data da fundação da cidade em 1616 até meados do século XVIII; a fase da "penetração" em meados do século XVIII até meados do século XIX; e como última fase a ser desenvolvida, a "continentalização" que foi do século XIX até o presente, se ressaltando que esses tempos são aproximados.

Para Moreira (1966), essa cidade se situava no vértice de um estuário, no encontro entre as águas marítimas e fluviais. Tanto que seu processo de ocupação se deu em função dessas influências hídricas, uma vez que os dois primeiros bairros, a saber, a Cidade surgiu às margens do rio Guamá, e a Campina às margens da baía do Guajará ou do estuário.

O primeiro bairro, o da Campina, expresso na Figura 2, era uma porção de terra separada da parte continental de Belém por um igarapé denominado Piri de Jussara, ou Alagado (termo oriundo da língua indígena). (CORRÊA, 1989). Cabendo ressaltar que ele "possuía 1.320 m de largura, por 660 de comprimento" (PENTEADO, 1968).

A existência desse elemento natural – o Piri, tão extenso, acabou separando a área ocupada pelo Forte Militar da parte continental, criando uma visão pejorativa sobre o Piri, por ser visto por alguns como um empecilho ao crescimento de Belém. Esse fato levou a ocupação dessa cidade a ocorrer como em uma "ilha", devido a existência desse alagado que impedia o acesso direto ao continente. No entanto, isso não impossibilitou ocupar a parte fragmentada, já que além da ocupação do Forte, surgiram ainda, aglomerações oriundas de pequenos grupos de colonos.

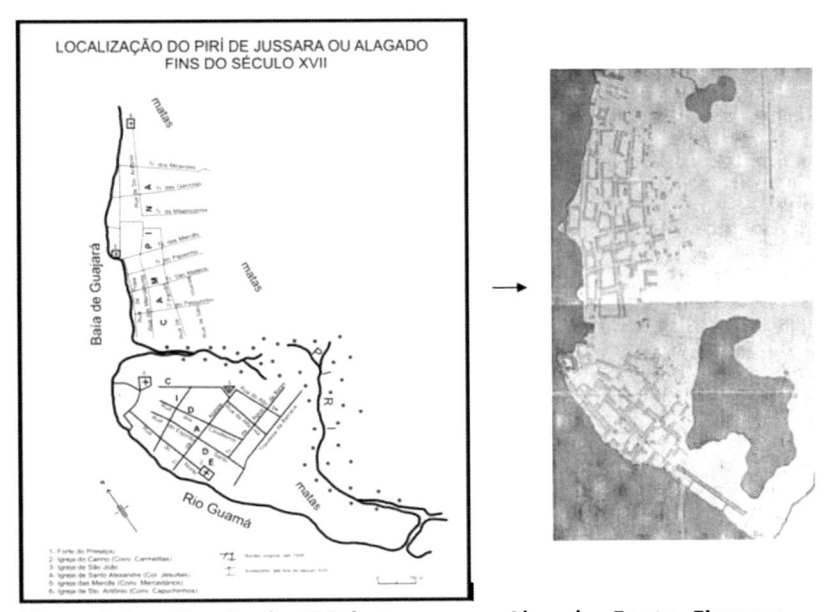

Figura 2. Localização do Piri de Jussara ou Alagado. Fonte: Figura a esquerda, adaptada de Penteado (1968) e imagem à direita adaptado de Coimbra (2003).

Este fato deu origem a três ruas, a saber: a do Norte, a Espírito Santo e a dos Cavalheiros, que são conhecidas atualmente como as respectivas: Siqueira Mentes, Dr. Assis e a Dr. Malcher. Além de quatro travessas que foram as da

Residência (posteriormente Vigia), Atalaia (Joaquim Távora), Água das flores (Pedro de Albuquerque) e da Borroca (Gurupá) (CORRÊA, 1989, p. 77).

A ocupação da área do bairro da Campina se formou para além da transposição do igarapé do Piri, acesso feito através da construção de uma ponte de madeira. Ocasionando a criação de novas ruas como: Mercadores (atual Conselheiro João Alfredo), São Vicente (atual Manoel Barata), Rua da Praia (atual XV de Novembro) entre outras.

Essas dificuldades passadas nesse processo de ocupação de Belém, devido às características físicas de sua área de ocupação inicial, fez com que até o século XX se evitasse a ocupação das planícies de inundação, que são áreas de várzea, consideradas alagadas ou alagáveis; priorizando as áreas de cotas altimétricas mais altas.

Tal fato é corroborado por Mendonça et al. (2004), que ressaltam que o processo histórico de ocupação das áreas centrais das metrópoles até por volta de meados do século XX evitaram as áreas consideradas em situações físicas impróprias à ocupação.

Segundo análise de Corrêa (1989, p. 87), até esse momento

> não havia nenhuma forma expressiva de segregação sócio-espacial intra-urbana, pois a renda da terra era, então inexistente. A fácil acessibilidade a qualquer ponto da cidade e a ausência praticamente absoluta de serviços ou melhorias urbanos, desproveram tal renda de seus elementos formadores essenciais.

O que mostra que diferentes sujeitos vinham ocupando o espaço constituído de expressiva infraestrutura em Belém, sem distinção nítida de ocupação de determinada área a partir de classe social.

Já no século XVIII, durante a "Era Pombalina", momento no qual a Amazônia assumiu importância econômica, a cidade de Belém teve um crescente fluxo demográfico ocasionando a densificação do bairro da Campina, mais precisamente de suas transversais, em meio a essa densidade começou um processo de embelezamento das ruas – segundo Corrêa (1989, p. 91), "grande parte das ruas foram calçadas em grês ferruginoso"– essa generalização foi entendida como um fato que contribuiu para evitar o surgimento da segregação intraurbana.

A constituição histórica e geográfica de Belém se deu a partir de suas características ribeirinhas, seus cursos hidrográficos serviam como via, atrativo, e o campo de ação militar. Em decorrência de seu crescimento populacional houve um distanciamento da sociedade desse elemento natural, que se dirigiu para o interior (MOREIRA, 1966).

Posteriormente, por volta da segunda metade do século XVIII o vetor de crescimento urbano se direcionou para a atual Avenida Nazaré, que tinha como características as áreas de terra firme, consideradas topograficamente mais altas, além de ser um lugar onde se encontravam as famílias mais ricas, com suas casas de campo ou rocinhas[13] que na época eram símbolo de riqueza (RODRIGUES, 1996).

---

[13] Conforme Tocantins (1963) apud Corrêa (1989, p. 94), "eram casas de campo que obedeciam ao estilo simples das fazendas

Por volta de 1777, o Governo de Pombal caiu e com ele a Companhia de Comércio do Grão Pará, o que contribuiu para o abalo da venda de especiarias da Amazônia para o mercado europeu, além de ter ocorrido nesse mesmo momento a liberação da mão-de-obra escrava negra, que se encontrava ociosa. A partir de então, houve o "aumento demográfico" e com isso, aumentou o número de sujeitos mais pobres na cidade, o que gerou maior ocupação dessas áreas às margens dos cursos hídricos.

Em decorrência do desenvolvimento do bairro da Campina e o surgimento de seus vetores de expansão urbana, começou-se a pensar os projetos urbanísticos para Belém.

Nesse contexto, houve a chegada do major engenheiro Gaspar João Geraldo de Gronfelds, que era o responsável em solucionar o problema causado pelo Piri, trazendo consigo algumas propostas como: a criação de um lagamar, em que o acesso se daria através de canais navegáveis, vindo a transformar Belém no que alguns autores denominaram posteriormente de "Veneza da Amazônia". No entanto, essa proposta foi enviada a avaliadores de Portugal, mas acabou sendo negada, deixando tal "problema" a se estender posteriormente a diversas administrações coloniais.

Posteriormente, de 1803 a aproximadamente 1823, ocorreu o aterramento ou ensecamento do igarapé do Piri para facilitar o acesso de um lado a outro, ligando assim, os bairros da Cidade ao da Campina. Pode-se dizer que desde o processo de ocupação dos primeiros bairros de Belém

---

brasileiras, inteligentes adaptações de formas e conceitos portugueses às peculiaridades do clima".

seus cursos d'água foram considerados como empecilhos ao processo de ocupação do centro, tendo como alternativa os aterramentos, fato que ainda ocorre.

Segundo Rodrigues (1996), a política de aterramento vigente nessa cidade ocasionou a constante perda do equilíbrio do ecossistema urbano, uma vez que o próprio ambiente tem o seu "sistema de macrodrenagem", sendo esta cidade formada por um rico sistema hídrico, como: rios, igarapés, córregos e lagos; de determinada parcela do solo, onde esses elementos respondem pelos movimentos cíclicos de enchentes e vazantes.

Mas esse constante processo de aterramento acaba levando ao fim dessa dinâmica natural e por consequência a busca de passagem dessas águas por outros meios alternativos, que acabam prejudicando os sujeitos que habitam as áreas mais baixas e que não dispõem de sistema de saneamento urbano.

Ocorrido esse momento de decadência da economia paraense, por volta da segunda metade do século XIX, surge outra economia que será muito expressiva na Amazônia, a extração da borracha.

Essa atividade teve um destaque grande não só no aspecto econômico, como também, no aspecto urbanístico de Belém, pois durante esse período, a cidade ganhou inúmeros serviços urbanos, como: bondes eletrificados, iluminação pública, serviços de esgoto, limpeza urbana, forno crematório, corpo de bombeiros, calçamentos de ruas e avenidas.

Em meio a essa gama de serviços que surgiram nesse bairro de Belém e que posteriormente se estendeu para outros bairros como: Umarizal e Batista Campos, é que Rodrigues (1996) considera a expressividade do processo de segregação espacial, uma vez que estes serviços vão ocasionar inúmeras dinâmicas espaciais como especulação imobiliária, valorização dos imóveis e da área central. Esse fato contribuiu para provocar o direcionamento de seu crescimento demográfico para o interior, principalmente para as áreas de terra firme, restando às áreas de várzea, aos sujeitos mais pobres, que tinham essas áreas como única alternativa de moradia adjacente ao centro da cidade.

  É ainda em meio a esse auge da economia da borracha, que esse processo de aumento demográfico se dá ao longo do bairro de Nazaré e vai se irradiando para outros bairros considerados nobres, como a Pedreira e o Marco. Esses bairros eram cortados por um grande número de igarapés e que na administração do intendente Antônio Lemos, foram aterrados para dar lugar a construção de ruas largas e perpendiculares, fato que acabou gerando inúmeros problemas, como: habitação, saneamento e infraestrutura (CORRÊA, 1989).

2.3. PLANÍCIES DE INUNDAÇÃO COMO ALTERNATIVA DE OCUPAÇÃO DAS ÁREAS CENTRAIS DE BELÉM

  No processo histórico de urbanização de Belém, pode-se ter como marco para analisar a expansão da ocupação das várzeas, a década de 1950, momento a partir do qual houve uma intensa expansão horizontal para além de uma vasta extensão de terras, denominada de "Cinturão

Institucional¹⁴", que a partir de 1940, conforme representa a Figura 3, formou-se no entorno do arco da 1ª Légua patrimonial, e ao mesmo tempo realizava-se um contínuo processo de ocupação de áreas de baixadas dentro dos marcos da 1ª Légua.

Segundo Rodrigues (1996, p. 164), havia como agravante que contribuiu para a ocupação das várzeas, o fato de que:

> o "cinturão institucional' estrangulava o crescimento da cidade. As populações de baixa renda, aos poucos começavam a transpor essa barreira constituída por enormes propriedades institucionais. Porém, o centro da cidade responsável por grande parte dos empregos e as grandes dificuldades de deslocamentos para além do "cinturão" devido ao precário sistema de transporte, assim como o controle das áreas de sitio alto pelas populações de alta renda, pressionavam a população a ocupar as áreas baixas da cidade.

---

¹⁴ O cinturão Institucional configurou-se enquanto uma tentativa de contenção ao avanço da expansão urbana de Belém, sendo constituída por bases militares e instituições públicas como a EMBRAPA (CORRÊA, A. 1989).

Não bastando as pressões criadas pelo cinturão institucional, no sentido de conter os avanços populacionais para além de seus limites, bem como, o processo de segregação constante que os sujeitos pobres passaram ao habitarem às baixadas, como alternativa de moradia no centro de Belém. Existiam também as características naturais ocorrentes nos limites da 1ª Légua, que contribuíram para a falta de alternativas de áreas adequadas à moradia, uma vez que, segundo Santos (2002, p. 29),

> Belém, em sua primeira Légua Patrimonial tem uma configuração territorial semelhante a uma península, a qual é recortada por vários rios urbanos organizados em várias microbacias hidrográficas distribuídas por todo seu sítio urbano.

Entre as décadas de 1940 e 1950 o comércio da borracha em Belém se revigorou e com ele o fluxo em seu aeroporto e porto. No entanto, em 1948 passou por uma crise a qual posteriormente se recuperou, alcançando crescimento demográfico expressivo, uma vez que em 20 anos perderam 32 mil habitantes.

Até a década de 1960, sua população se somava a mais de 150 mil pessoas. Esse aumento demográfico, intenso de Belém, deveu-se também a sua excelente localização geográfica, considerada estratégica (PENTEADO, 1968).

Esse foi outro momento de grande expressividade para o processo de ocupação das baixadas do centro, tendo em vista a produção de uma periferia com as características atuais desse espaço urbano, que era denotado por uma paisagem precária, notada a partir: da construção das casas em palafitas, localizadas as margens de igarapés e rios; circulação sobre estivas; falta de infraestrutura proporcionada pelo Estado; bem como, a vida humilde e cheia de dificuldades passadas por seus habitantes.

    A ocupação em áreas inadequadas foi mais uma vez resultado de situações como: crise econômica, desemprego, crescimento demográfico intenso, somado ao baixo poder de investimento do setor público.

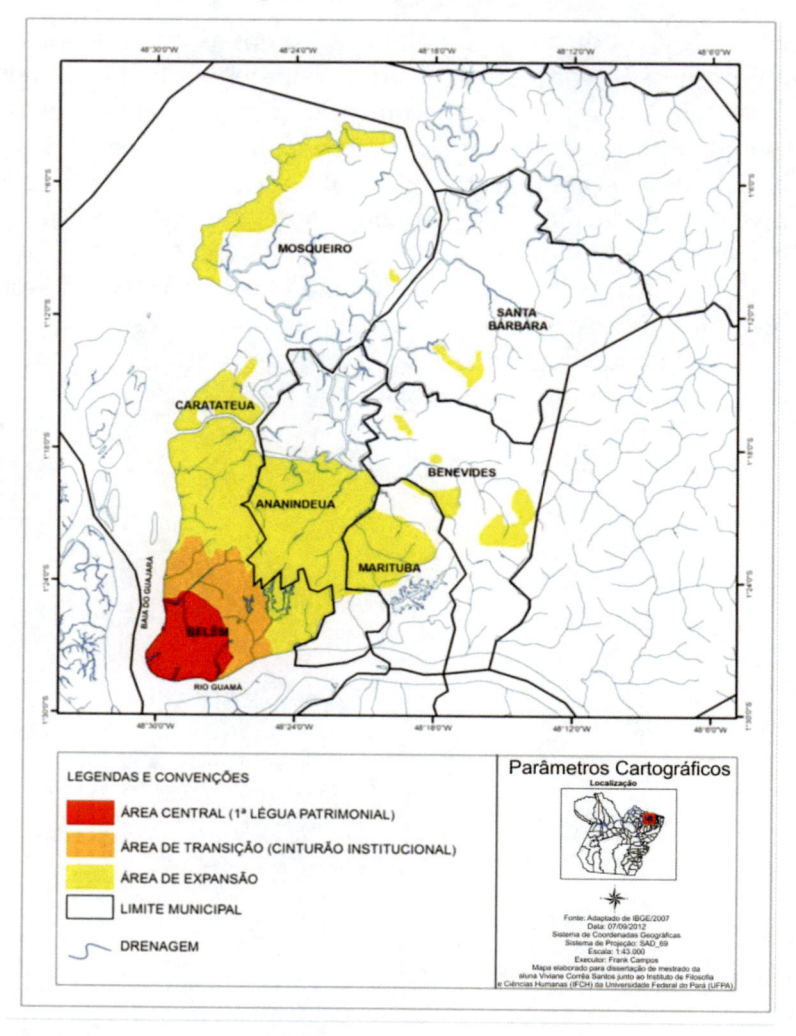

Requalificação urbana da paisagem de várzea e suas consequências socioambientais

Figura 3. Expansão urbana da Região Metropolitana de Belém (RMB).
Fonte: Adaptado de JICA, 1991.

A localização geográfica dos bairros da área continental de Belém é apresentada na Figura 4, os quais se originam no decorrer de seu processo de ocupação, que tiveram seu vetor de expansão se deslocando das margens dos principais rios de Belém (rio Guamá e Baia do Guajará) às áreas de várzea, seguindo em direção ao interior do continente, áreas denominadas de Terra Firme.

Segundo Penteado (1968), a ocupação de Belém entre as décadas de 1950 e 1960, era fragmentada em partes como: área central (bairro do Comércio), bairros periféricos ao centro (Cidade Velha e Reduto), bairros da Zona Sul (Batista Campos, Jurunas, Cremação, Condor, Guamá), bairros da Zona Leste (Nazaré, São Brás, Canudos, Terra Firme) e bairros da Zona Norte (Umarizal, Matinha, Telégrafo Sem Fio[15], Sacramenta, Pedreira, Marco, Sousa, Marambaia).

Na década de 1960 os bairros localizados nas zonas norte e sul eram os mais populosos de Belém com cerca de 280 mil pessoas, o que ocorreu devido a essas zonas serem ocupadas por uma população considerada, segundo Penteado (1968, p. 197) como:

> muito pobre e bastante prolífera, que reside em pequenas casas ou em 'barracas', construídas em lotes diminutos, às vezes, mesmo, sobre as margens lodosas de igarapés, ao passo que a área central se vai esvaziando, graças a invasão do comércio, e os bairros da zona leste se estabilizam na tranquilidade de seus amplos

---

[15] Atual bairro do Telégrafo, bairro este onde se localiza a Vila da Barca, que é ambiente de estudo desta pesquisa.

quarteirões, separados pelas largas avenidas muito arborizadas.

Os bairros da zona norte têm uma característica em especial, pois apresentam uma função eminentemente residencial, habitada por uma classe pobre e que se caracteriza por uma ocupação de estrutura considerada desordenada, denotada por suas ruas tortuosas, com matos, e água empossada que se concentrava nas partes mais baixas do terreno.

Dentre esses bairros, a Matinha tem como particularidade um relevo em formato de anfiteatro, correspondendo a uma bacia que recebe influência do igarapé do Galo.

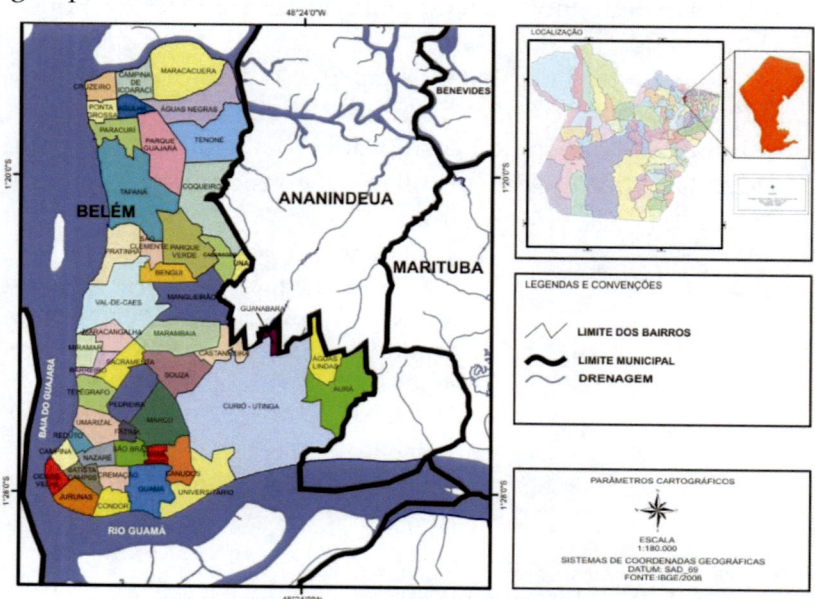

Figura 4. Localização dos bairros da área continental de Belém

Os bairros do Umarizal, Telégrafo Sem Fio e Pedreira se organizavam de forma semelhante, uma vez que ocupavam espaços que tinham níveis topográficos que variavam de 5 a 10 m, em encostas dos vales dos igarapés ou margem direita da baía de Guajará. Eram bairros residenciais com uma população pobre, que residiam em barracas, habitações construídas sobre estacas, algumas sujeitas às dinâmicas da maré e poucas casas de alvenaria, térreas ou assobradadas (PENTEADO, 1968).

Sendo Belém uma cidade banhada pelo rio Guamá e pela baía de Guajará, é constituída, segundo a Figura 5, por inúmeros afluentes conhecidos mais popularmente como igarapés, os quais, grande parte foram aterrados ou retificados[16] em decorrência desse processo de ocupação urbana, perdendo com isso, sua importância social anterior, que era de lazer, retirada de recursos naturais para subsistência, tráfego, entre outros.

Os afluentes presentes em meio urbano, passaram a ser vistos como empecilhos[17] ao processo de ocupação da área central de Belém, que se tornaram mais valorizadas em decorrência da concentração de serviços e da escassez de espaço nessa área.

---

[16] Tendo este função de depósito de esgoto a céu aberto, sendo denominados popularmente de canais.

[17] Uma situação pertinente a ser observada é que enquanto no século XVII o Piri de Jussara foi considerado um empecilho para o crescimento territorial da cidade, com a ocupação das áreas de baixadas, os igapós passaram a serem vistos como um elemento natural negativo, devido a eles serem áreas que estão quase sempre alagadas pelas águas dos rios amazônicos. Em que estes logo ao serem ocupados, têm sua vegetação (higrófilas e hidrófitas) retirada.

Mendonça et al. (2004) ratificam que por volta da década de 1950, em especial, na década de 1930, decorrente do aumento da periferização, foram implementadas políticas públicas de intervenção nas redes de drenagem (obras de retificação e canalização de cursos hídricos em áreas urbanas), além de aterramento de várzeas para sua inserção na ocupação da malha urbana.

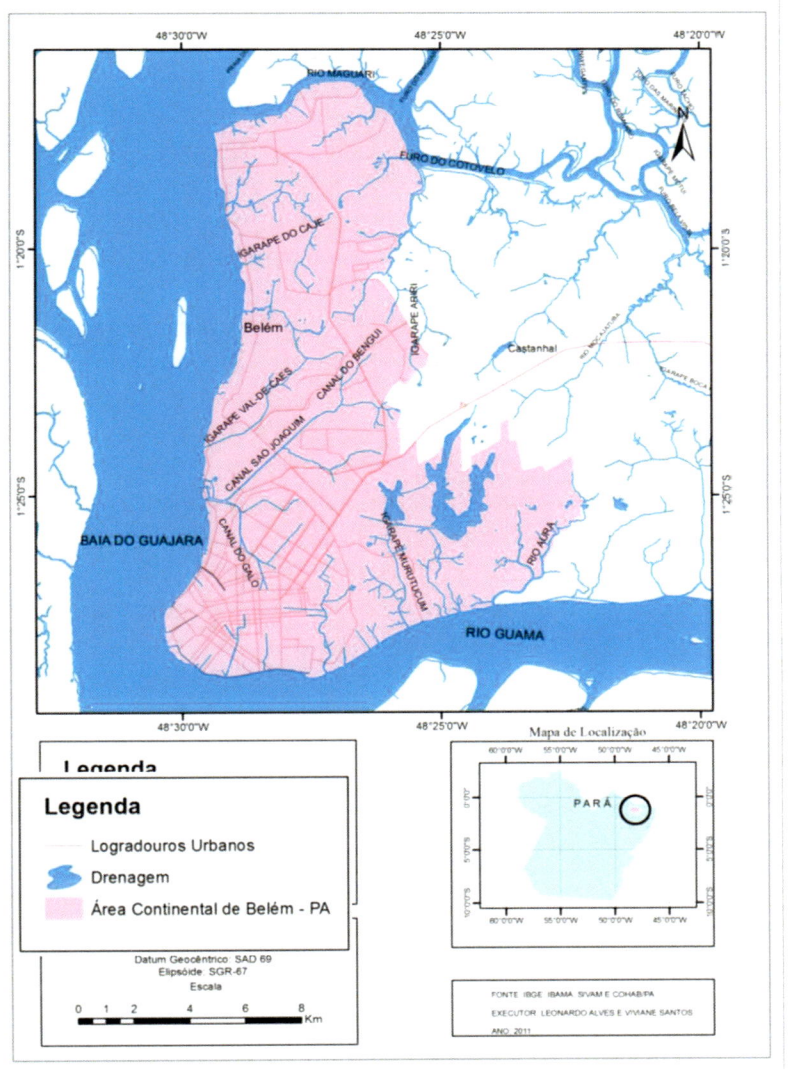

Figura 5. Rede hidrográfica da área continental de Belém.

A valorização das baixadas contribuiu em grande parte para a retirada dos sujeitos mais pobres, que foi quem as ocupou desde o período inicial da ocupação de Belém. Ocasionando um redirecionamento desses sujeitos para além de sua Primeira Légua Patrimonial, já que a área central viria a ser disponibilizada para a elite local; que após sua desocupação, passou por um processo de valorização, ocorrido a partir do aterramento dessas áreas e posterior implantação de serviços infraestruturais promovidos pelo Estado.

Rodrigues (1996) destaca a predominância de um traçado irregular da malha urbana de Belém, tendo como exceções, principalmente o bairro do Marco e os Conjuntos Habitacionais, esse fato deve-se à procura pelas terras de cotas mais altas para a expansão da cidade, não deixando de lado também as baixadas, vindo os arruamentos, segundo o autor, a obedecer a uma "dança das águas".

Fato que poderia ter ocorrido de forma diferente, caso tivesse sido levado em consideração a proposta de transformar Belém numa cidade fluvial, aos moldes de Veneza, pensada pelo Presidente Jerônimo Coelho e antes dele, ainda no período colonial, por Gronsfeld, que propunha

> (...) o aproveitamento dos igarapés em vias navegáveis, dentro da cidade. Nada de aterrá-los, e sim canalizá-los. Resolveria o problema das enchentes e daria à cidade outra feição urbanística" (RODRIGUES, 1996, p. 163).

No entanto, essa alternativa de abertura de canais navegáveis no interior de Belém não foi levada em consideração, tão pouco a questão socioambiental, tendo em vista que a preocupação ambiental iniciou a priori num âmbito internacional, ocorrido a partir da década de 1970.

É relevante destacar que até a década de 1960, o centro de Belém já estava consolidado, estando parte das áreas de Terra Firme sobre o domínio das classes mais ricas e dos órgãos civis e militares.

As áreas de planície (várzeas) são representadas na Figura 6, conforme sua expressividade territorial que abrange em torno de 40% do território de Belém.

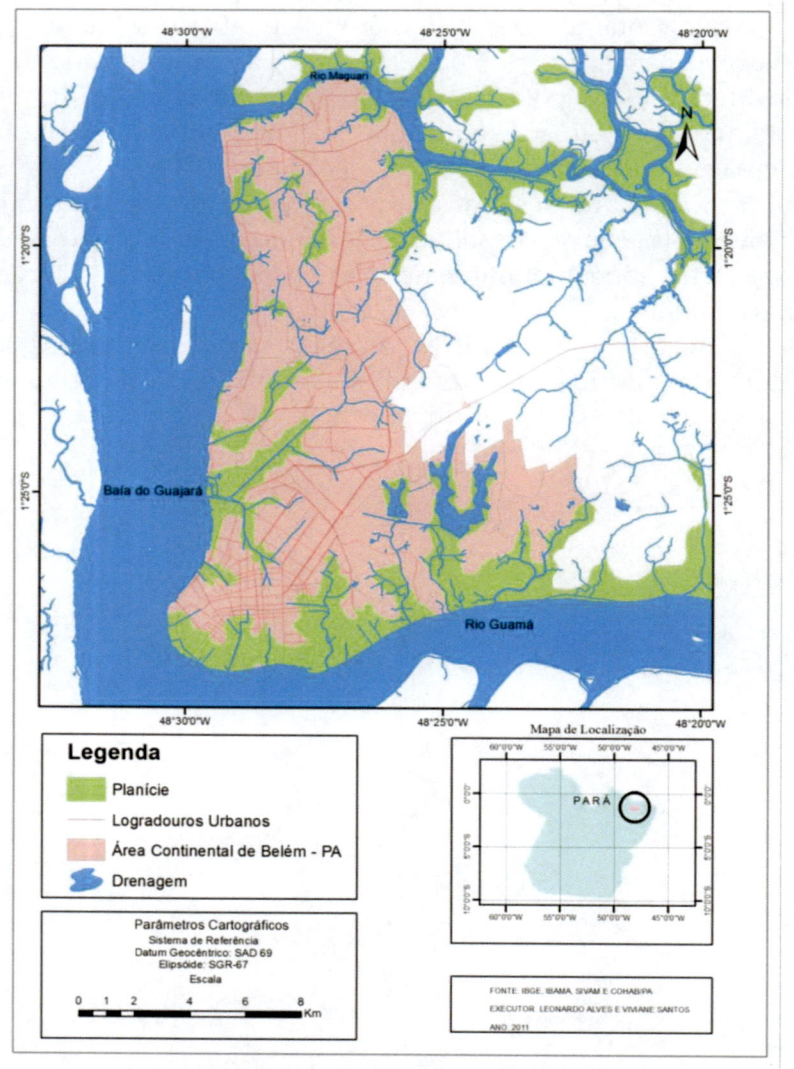

Requalificação urbana da paisagem de várzea e suas consequências socioambientais

Figura 6. Planícies da área continental de Belém

As áreas de várzea, vistas estrategicamente como espaço residencial pela classe mais baixa, acabaram abrigando uma população de 765.476 habitantes (IBGE, 1991), presente em dados da Prefeitura Municipal de Belém (2001) apud Pereira (2009, p. 159),

> quando a densidade domiciliar brasileira totalizava 3,96 habitantes por domicílios e a densidade geral de Belém 4,58 habitantes por domicílio, a densidade na área de baixada de Belém eram de 4,70 e 4,82 habitantes por domicílio nas baixadas do Guajará e do Guamá, respectivamente.

O Gráfico 1 demonstra que o percentual de domicílios nas baixadas de Belém é o segundo maior, tendo em vista que estas, em grande parte se encontram em áreas centrais, logo localizam-se próximo aos serviços e indústrias, área de geração constante de emprego; além de terem residências próprias.

As baixadas, segundo o gráfico abaixo, representam aproximadamente 32% dessa participação percentual. Tal valor só fica abaixo ao do núcleo metropolitano, por ser a área que tem uma configuração espacial diferenciada, pois dispõem de infraestrutura adequada à moradia e desenvolvimento da circulação de pessoas e serviços, essas áreas podem ainda ser consideradas de Terra Firme ou áreas resultante de aterramentos.

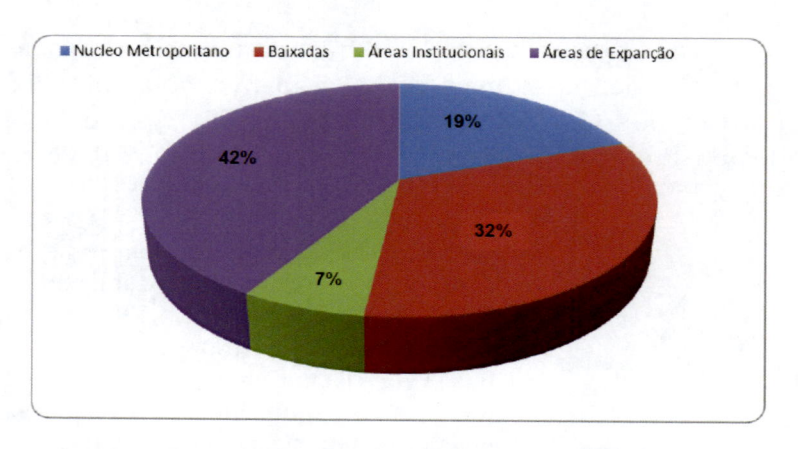

Requalificação urbana da paisagem de várzea e suas consequências socioambientais

[Gráfico de pizza com legendas: Nucleo Metropolitano 19%, Baixadas 32%, Áreas Institucionais 7%, Áreas de Expanção 42%]

**Gráfico 1. Percentual de domicílios de algumas áreas de Belém.
Fonte: Pereira (2009).**

As áreas de baixada são classificadas pela prefeitura como área de habitação subnormal, isso porque denotam uma série de carências como: ausências de vias de concreto, falta de abastecimento de água e luz, ausência de sistema de tratamento de esgoto, precárias habitações que em sua maioria são construídas em palafitas, sistema viário deficiente, entre outros.

Com base em estimativas da Companhia de Desenvolvimento e Administração da Área Metropolitana de Belém (CODEM), existem:

> (...) cerca de 180 assentamentos enquadrados como subnormais dos quais 22,20% correspondem às ocupações das baixadas [...]. A população estimada para

cada área foi de 89 mil pessoas morando em áreas de baixadas (PEREIRA 2009, p. 159).

A dificuldade de acesso faz com que muitos serviços sejam inviabilizados de chegarem até esses sujeitos que lá ocupam, e que para sanar essas ausências, utiliza-se da água do rio, igarapé ou retirada ilegalmente dos canos de abastecimento da Companhia de Saneamento do Pará (COSANPA). Algo semelhante ocorre com o abastecimento de energia, pois muitas famílias utilizam esse serviço de forma ilícita, ato denominado de "gato"[18]; vindo a criar formas de sobreviver em meio a tanta carência.

Outra estratégia de sobrevivência desses sujeitos em áreas alagadas era a cultura de promover o aterramento desses espaços em sistema de mutirão, através do uso de materiais, como: aterro de caroço de açaí, serragem de madeira e casca de castanha, algumas vezes fornecidos pela prefeitura (ABELÉM, 1989).No entanto é relevante lembrar que são ofertados serviços públicos como coleta de lixo, no entanto os resíduos sólidos e líquidos são em grande parte, jogados diretamente na baía.

---

[18] A prática de usar energia elétrica de forma ilegal.

CAPÍTULO 3
A VILA DA BARCA COMO OBJETO DE ESTUDO

A Vila da Barca localiza-se no município de Belém, no bairro do Telégrafo, mais precisamente na zona oeste, à margem direita da baía de Guajará, tendo como limites da Avenida Pedro Álvares Cabral até a baía e do Curro Velho[19] até

---

[19] A Fundação Curro Velho foi o primeiro matadouro de Belém, denominado Curro Público de Belém, construído e inaugurado pelo presidente da Província, Francisco Carlos Brusque, em 1861. Em 1983 foi tombado como Patrimônio Público e atualmente, desempenha a

a Alameda Padre Julião, conforme a Figura 7 que além de representar sua localização, delimita a parte que será contemplada pelo Projeto de Habitação e Urbanização.

3.1. O SURGIMENTO DA COMUNIDADE DA VILA DA BARCA

Em relação à origem da comunidade da Vila da Barca, Vilar (2008) expõem a existência de diferentes relatos, no entanto, o mais usual é a ocorrência do naufrágio de uma embarcação portuguesa que atracou ali por um eventual problema em sua maquinaria. Essa embarcação recebeu duas novas funções: moradia da tripulação e de entreposto comercial para a comercialização de produtos que vinham das ilhas próximas a Belém.

---

função de promover eventos voltados ao lazer, além de: cursos, oficinas, anfiteatros, bibliotecas ligados a cultura paraense.

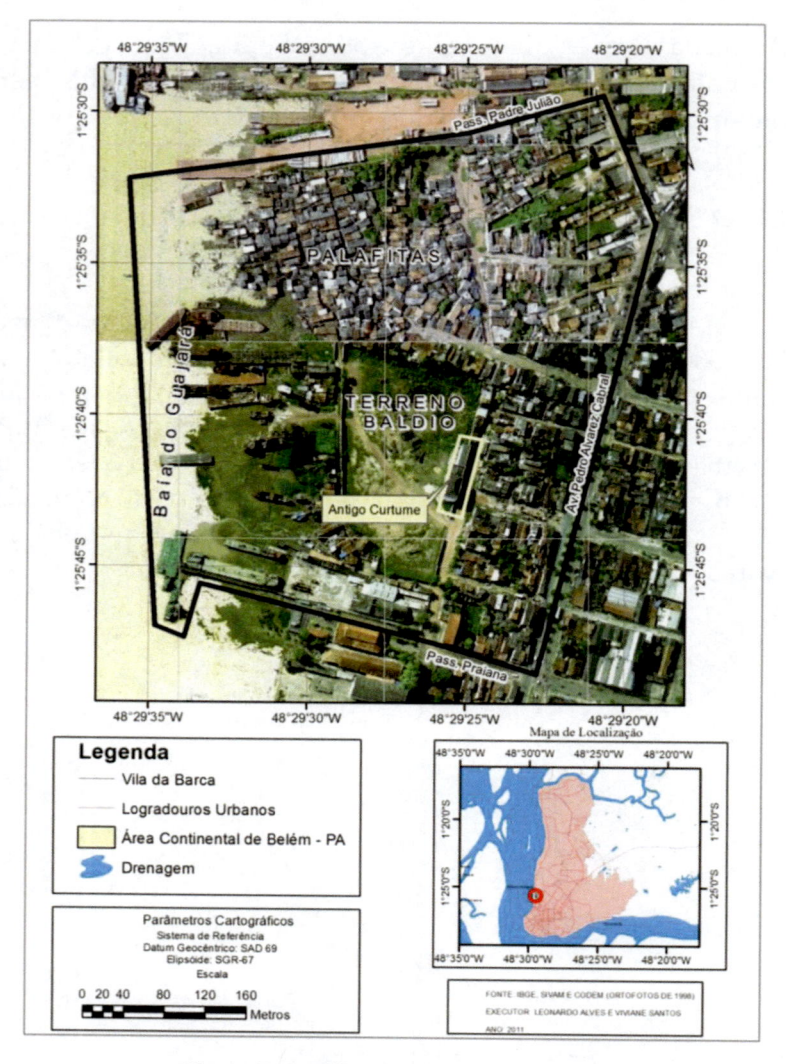

Requalificação urbana da paisagem de várzea e suas consequências socioambientais

Figura 7. Localização da Vila da Barca

A segunda função acabou atraindo pessoas para a moradia e comercialização de outros produtos. Foi nesse contexto e fruto desse processo que se pode dizer que a Vila surgiu na década de 1930 (SOUZA, 2006).

Alguns relatos expressam que as primeiras casas da comunidade foram construídas a partir da retirada da madeira que constituía essa embarcação. No entanto, há relatos de moradores mais antigos, segundo Souza (2006), que indicam que a origem dessa comunidade não ocorreu a partir da ocupação da embarcação encalhada, nem tão pouco se utilizaram de sua madeira, uma vez que ela ficava sob fiscalização da Companhia Docas do Pará (CDP).

Conforme relatos, mesmo sob vigilância, a embarcação foi incendiada por um morador da Vila que estava bêbado o qual posteriormente foi preso, já que ela era considerada Patrimônio Público. Desconsiderando assim, a possibilidade de utilização de sua madeira para a construção de casas pelos demais moradores (SOUZA, 2006).

Essa dinâmica comercial não contribuiu apenas para o fluxo de pessoas, mas também para o aumento da ocupação nesse espaço, principalmente por sujeitos rurais ribeirinhos, que se aproveitavam da localização geográfica estratégica para morar e comercializar seus produtos.

Os primeiros moradores da Vila da Barca foram famílias oriundas de produtores rurais, advindos em sua maioria, de cidades ribeirinhas do interior do Pará, como: Abaetetuba, Igarapé-Miri, Cametá, Chaves, Salvaterra e Muaná (VILAR, 2008).

Entre os interesses de ocupar a área, destacam-se o desejo pela casa própria, a proximidade do centro urbano e de seu mercado de trabalho, a proximidade de pontos estratégicos como o mercado do Ver-o-Peso, de uma indústria de castanha e um curtume, além da facilidade de atracação dos barcos (BELÉM, 2004).

Apesar do motivo que impulsionou a vinda dos moradores dessa comunidade ter sido a melhoria em sua qualidade de vida, as áreas que estes tiveram como alternativa de moradia foram áreas alagadas, que eram consideradas inadequadas ao processo de ocupação, além de serem áreas nas quais os serviços públicos chegaram tardiamente, após muitas cobranças feitas pelos moradores ao Estado (SOUZA, 2006).

Essa inexistência de serviços públicos contribuiu para que essa comunidade encontrasse formas alternativas de sobreviver em meio a todos esses problemas socioambientais, tanto no que se refere à coleta de lixo, ao esgotamento sanitário, ao abastecimento de água, o fornecimento de energia, entre outros.

Tendo em vista que é comum, ainda nos dias de hoje, mesmo tendo coleta de lixo, ver uma quantidade imensa de resíduos sólidos jogados pela própria população abaixo de suas casas - palafitas, que por consequência em caso de ausência de abastecimento de água da COSANPA, tem como alternativa o uso da água da baía para algumas atividades domésticas.

Referente ao lixo que é depositado abaixo das palafitas, a Figura 8 retrata como isso se torna um hábito para esses moradores, que atualmente, mesmo dispondo de coleta pública, que ocorre através de carrinhos que circulam pelas pontes, passam pela casa de todos os moradores. Estes, em grande parte ainda tem o hábito de fazer do rio sua própria lixeira, sendo mais fácil jogar seus resíduos sólidos[20] e líquidos pelas portas e janelas e conviver com essa poluição como algo "normal".

Figura 8. Casas em palafitas e o lixo jogado diretamente na baía. Fonte: Acervo próprio (2012)

Além da coleta da Prefeitura, a comunidade ainda conta com a existência de um morador que sobrevive da atividade econômica da coleta seletiva, a qual gera renda para outros moradores da Vila. Dentre os produtos que ele compra estão o plástico, alumínio, vidro, metal, entre outros, conforme a Figura 9.

---

[20] Aparelhos eletrônicos, vasos sanitários, plásticos, restos de madeira, garrafa PET, sofás, colchões etc.

A adversidade é que enquanto tem alguém que se interessa pela coleta seletiva desses materiais que podem ser reciclados, e ter outro destino, que não o rio abaixo das palafitas, além de ser uma alternativa de criação de renda; outros jogam os resíduos constantemente na baía e reproduzem a poluição nesse ambiente, ao invés de criarem uma renda complementar.

Figura 9. Atividade econômica de reciclagem de material despejados diretamente na baía. Fonte: Acervo próprio (2012)

Para os moradores, a Vila passou a ser local estratégico de realização do comércio de seus produtos oriundos dos municípios vizinhos. Paulatinamente, foram implantadas novas fontes de renda na área, como: a pesca artesanal de peixes, siris e camarões, criação de animais domésticos como porcos e galinhas; que serviriam para subsistência e comércio na própria comunidade.

Acerca dessa relação de moradia, comércio e subsistência existente na Vila, o depoimento de Raimunda Lobato, moradora há 17 anos, vem a ratificá-la, quando afirma que "É só jogar o anzol e puxar que o almoço está garantido" (BELÉM, 2004, p. 8).

Conforme a Figura 10, algumas famílias além das criações de animais domésticos somavam a plantação de espécies vegetais[21] para seu uso doméstico. Estas atividades eram possibilitadas geralmente nas residências que tinham quintais, que se encontram na parte mais alta, que havia sido aterrada pelos próprios moradores.

Destaca-se o fato de que as características ambientais da Vila nunca foram motivo de impedimento para qualquer atividade dos moradores, levando em conta que em caso de ausência de quintal pelo morador, a criação de animais ocorre em cima das pontes, como no caso da criação de porcos. Atualmente essa prática já ocorre nas áreas aterradas pelo projeto, já que esse aterro já alcançou parte das estivas.

---

[21] Cacaueiros, açaizeiros, bananeiras, entre outras.

Figura 10. Criação de animais domésticos nas áreas aterradas das palafitas e quintais com plantações de espécies vegetais nas casas da Vila da Barca, representando os costumes tradicionais de sua origem rural. Fonte: Acervo próprio (2008)

É interessante destacar que inicialmente a Vila se configurou pela construção de barracas improvisadas para a venda de produtos alimentares e posteriormente as famílias foram ocupando gradualmente esse espaço. A Vila passou a ter a dupla função de produzir renda e ser local de moradia. E isso se reafirma quando os moradores reconhecem que tudo que é posto para vender, segundo eles, é vendido, pois um morador ajuda o outro.

Cabe ressaltar que os primeiros moradores da Vila construíram suas casas nas áreas mais altas que ficavam próximo à margem da baía, o que não impedia de ficarem inundadas com a ocorrência de chuvas fortes.

Segundo a SEHAB (BELÉM, 2004), a política de aterramento dessa área já ocorre desde seu processo de ocupação, uma vez que o aterramento foi feito até a Avenida Pedro Álvares Cabral e quanto mais extensa a área aterrada maior era a expansão de palafitas em direção à baía. Fato que ocorreu com a chegada de outras famílias, por volta da segunda metade da década de 1940[22], quando a margem da baía de Guajará foi intensamente ocupada, passando as habitações a serem construídas em palafitas e tendo a circulação das pessoas possibilitada por estivas (SOUZA, 2006).

As estivas ou pontes, segundo os moradores, mostradas na Figura 11 são o seu meio de circulação, pois é por elas que passam bicicletas, motocicletas, carrinhos de coleta de lixo e se criam animais. Elemento este que foi resultado de mutirões feitos por eles mesmos.

---

[22] Outra leva significativa de moradores chegaram à vila na segunda metade da década de 1940, momento em que a economia da borracha estava novamente em crise, o que acabou levando muitos migrantes para Belém em busca de emprego. Esses migrantes, sem a possibilidade de ocupar as áreas topograficamente mais altas de Belém, acabaram tendo que se redirecionar para as áreas de cotas mais baixas, as baixadas, entre elas a Vila, que era vista novamente como área estratégica por estar no centro e próximo aos serviços, o que daria a maior possibilidade de conseguir um emprego.

Requalificação urbana da paisagem de várzea e suas consequências socioambientais

Figura 11. Pontes construídas pelos próprios moradores para sua circulação. Fonte: Material cedido pela SEHAB

As pontes são consideradas pelos moradores como alamedas: Praiana, Padre Julião e Cametá. O que se observa é que elas em vários de seus trechos estão em péssimas condições, facilitando a ocorrência de acidentes das pessoas que as utilizam.

A ocupação da Vila da Barca e sua expansão em direção à baia de Guajará demonstram os constantes impactos socioambientais ocorridos há muitas décadas, essa prática foi feita tanto pelo Estado como pela população, sendo notória em sua paisagem, a ausência da vegetação primária e secundária, para dar lugar às moradias.

Com o decorrer das décadas, a ocupação dessa área se intensificou e isso se deu de forma mais expressiva com o início da construção do Projeto de Habitação e Urbanização da Vila da Barca.

Conforme a Figura 12, para iniciar as obras do Projeto foram feitos aterros sobre a margem da baía e posterior muro de arrimo para a contenção da força da água nesse trecho, desconsiderando suas dinâmicas ambientais, bem como, processos de erosão que já ocorrem.

Figura 12. À esquerda, aterro na margem direita da baía de Guajará sendo levado pela força da maré e à direita, construção de muro de arrimo para a contenção das águas. Fonte: Acervo próprio (2008 e 2012, respectivamente.)

A Figura 13 demonstra que no local onde antes havia casas durante algum tempo restaram apenas parte de sua madeira, e atualmente novas casas estão sendo construídas, casas em palafitas, e em áreas da baía que foram aterradas. Assim como parte das pontes que deram lugar à passagem de áreas aterradas.

A água da baía, que antes adentrava o caminho das palafitas, agora ficou mais distante dos moradores, pois essas áreas estão sendo aterradas para à construção dos blocos e dar continuidade a produção das orlas em Belém.

Figura 13. À esquerda, resíduos de moradias em palafita na margem direita da baía de Guajará, à direita, novas construções de casas em palafitas. Fonte: Acervo próprio (2008)

A cultura dos moradores da Vila da Barca remonta suas raízes a partir do modo de vida ligado a uma relação próxima ao rio, devido a grande parte desses indivíduos serem oriundos de cidades ribeirinhas do estado do Pará.

Esses sujeitos habitam a margem da baía do Guajará, que conforme a Figura 14 é um lugar onde existe a reprodução de alguns dos hábitos tradicionais de seus lugares de origem, em especial, a construção de habitações em palafita.

Pela observação da Figura 14, verifica-se a disposição irregular das habitações, sem qualquer espécie de padronização, seja de tamanho ou qualquer outro elemento, o que ocorre há bastante tempo. Ressalta-se que a quantidade de integrantes nessas casas é variada, podendo, uma só casa abrigar até três famílias, dependendo de seu tamanho.

Segundo levantamento anterior ao início das obras do projeto, a média de integrantes por habitação era de cinco, em que 23,03% eram habitadas por quatro pessoas, 14,07% por cinco pessoas e 10,23% por duas pessoas (BELÉM, 2004).

Há a presença de barcos de pequeno porte atracados aos trapiches, que ficam nas portas das casas, portas estas que estão voltadas para a baía. Esses barcos são o meio de transporte que se dispõe como carros em suas garagens, e são utilizados para o deslocamento dos chefes de família que irão possibilitar o sustento desta.

Figura 14. Imagem aérea da década de 1970, das habitações em palafitas construídas em direção à baia de Guajará, em busca de espaço para construção de moradias. Fonte: Site da Prefeitura de Belém (2004)

A relação com o rio não se limita apenas a sua habitação em sua margem, mas conforme a Figura 15, em outros aspectos como área de lazer, encontro entre os moradores e a pesca; somando-se esses hábitos considerados característicos do rural, aos característicos do ambiente urbano.

Figura 15. À esquerda, o rio como elemento de lazer para a comunidade da Vila e à direita, esse elemento natural como ambiente de encontro.
Fonte: Material cedido pela SEHAB e acervo próprio, respectivamente.

A Figura 16 denota a presença de portos, que desempenham a função de atracar balsas antigas e pequenos barcos, os quais vêm de municípios das proximidades da área, como Abaetetuba, os quais têm a função de navegar nas águas mais distantes da baía de Guajará e trazer pescados para a subsistência da família ou comercialização na Vila. Além de transportar pequenas quantidades de produtos alimentícios, no entanto, este movimento não ocorre mais com tanta expressividade, já que, com o decorrer do tempo, outros comércios foram se especializando na oferta desses serviços, como as feiras maiores e as redes de supermercados.

Figura 16. À esquerda, a presença de uma das balsas atracada na margem da baía, à direita, barcos menores que proporcionam a pesca nas águas da baia e transportam produtos entre os municípios vizinhos. Fonte: Acervo próprio (2012)

Com o decorrer dos processos oriundos da modernidade e toda a lógica capitalista que permeia as relações dos diferentes grupos sociais, novos hábitos são engendrados no modo de vida desses grupos, seu cotidiano sofre influências externas, de modo que pouco a pouco, são incorporados nessa comunidade.

Essas influências interferem na relação entre os sujeitos e destes com o ambiente, somando ao seu modo de vida antigo ou tradicional a diferentes modos de vida, ligados aos valores urbanos. Em meio a isso, surgem diferentes ritmos sociais, por mais que esses sujeitos tenham habitado o mesmo lugar e a mesma história de vida.

Com referência a esses diferentes ritmos de vida, a comunidade da Vila da Barca, mesmo tendo seu histórico construído a partir de valores tradicionais, relacionados à cultura dos caboclos do interior da Amazônia, no decorrer de seu desenvolvimento, sofreram muitas influências externas, motivadas principalmente pela relação com as dinâmicas urbanas de Belém, em decorrência principalmente, de sua localização geográfica.

Esses ritmos são notórios na comunidade da Vila da Barca, pois assim como nela moram sujeitos que foram fruto desse processo inicial de ocupação desse espaço, atualmente conta-se também com a presença de sujeitos que já vêm de outros bairros de Belém, que não necessariamente tem suas atividades e modo de vida relacionado a seu ambiente, estando agora, seus moradores, em sua maioria, ligados a diversas atividades econômicas, como: carpinteiros, pedreiros, encanadores, empregadas domésticas e alguns pescadores (SOUZA, 2006, p. 80).

Atualmente, a dinâmica da comunidade da Vila da Barca, considerada em processo de transformação, já pode ser vista através de alterações ocorridas em seu interior, principalmente quanto a suas características populacionais, que segundo levantamento socioeconômico da Região Metropolitana de Belém (RMB), tem 4.000 habitantes (PARÁ, 2009)

Cerca de 40% das famílias tem renda de um a dois salários mínimos; 59,98% residentes ocupam palafitas; 90% dos seus moradores atuais são oriundos dos bairros do Telégrafo e outros bairros da própria capital (PMB, 2006 apud VILAR, 2008).

3.2. REIVINDICAÇÕES DOS MORADORES DE VÁRZEAS POR QUALIDADE DE VIDA

As áreas de várzeas apesar de serem estratégicas pela proximidade dos serviços e mercado de trabalho que se concentravam no centro de Belém, também tem o seu outro lado nada agradável. Pois ao construírem suas habitações nas encostas dos vales fluviais, os moradores são expostos à toda dinâmica ambiental expressa nessa paisagem, convivendo diretamente com esses elementos naturais, que a partir das experiências com o lugar passam a se adaptar a eles "Estou acostumado com a enchente e a vazante da maré todos os dias, aqui é sempre ventilado é perto de tudo" (João Moraes de Araújo, morador há 12 anos) (BELÉM, 2004, p. 8).

Estes sujeitos percebem que para continuar sua vivência nesses ambientes inóspitos, vão ter que conviver com situações degradantes como: constantes alagamentos de suas casas ou ruas (ou pontes), o odor produzido pela água parada e o lixo depositado diretamente nos cursos hídricos. Além da falta de saneamento básico, a construção de fossas negras, bem como, o despejo de seus efluentes direto no rio.

A história de luta das comunidades moradoras das várzeas, remonta a união entre os membros das comunidades e suas lideranças dos bairros que ficavam dentro dos limites da Primeira Légua Patrimonial, quando estes perceberam que tinham um problema em comum, conflitos urbanos/fundiários, movimento que teve mais expressividade a partir da década de 1960, quando perceberam que podiam alcançar melhores soluções se unissem suas forças.

Todas as dificuldades passadas por esses sujeitos populares acabaram motivando-os a reivindicarem qualidade de vida para poderem viver de forma digna. O que implicava também, em sua permanência no centro urbano, de preferência nos mesmos lugares, devido à existência dos vínculos afetivos criados com os moradores e o lugar.

A Tabela 1 representa a relação entre os bairros que são compostos por áreas alagáveis e o tipo de moradia, em especial madeira, até pela característica geomorfológica dessas áreas, bem como, as condições financeiras desses sujeitos populares.

Tabela 1 – Relação de domicílios em áreas alagadas na década de 1970

Setores	1970			
	Área alagável (%)	Domicílios em madeira (%)	População	Renda (R$)
Comércio/Cidade Velha	-	-	11.102	2.088,88
Cidade Velha/Batista Campos	3,8	10,0	14.742	561,68
Batista Campos/Nazaré	0,9	-	22.750	1.183,89
Reduto/Umarizal	52,7	15,0	13.104	806,18
Umarizal/Pedreira	1,4	15,0	25.935	813,32
Nazaré/São Bráz	-	2,0	25.205	1.145,80

Batista Campos/Cremação	2,4	80,0	25.935	383,00
Jurunas	74,6	98,0	73.801	355,71
Cremação/Condor	98,0	95,0	41.860	424,59
Guamá	63,6	68,0	42,315	240,24
Guamá/São Bráz/Canudos	1,0	15,0	22.477	785,46
Marco	-	5,0	21,567	553,86
Marco/Fátima/Pedreira	27,0	80,0	39,767	439,62
Pedreira	52,0	90,0	43,043	420,95
Telégrafo	65,7	95,0	16,107	427,61
Sacramenta	95,0	90,0	17,745	181,93
Pedreira/Souza	2,2	80,0	24,297	298,09
Pedreira/Marco	-	50,0	30,303	346,75
Marco/Terra Firme	32	95,0	47,138	379,48

Fonte: Adaptado de Pereira (2009)

Conforme a tabela 1, as menores rendas vêm de áreas mais alagáveis, por conseguinte, mais populosas, a exemplo do bairro do Jurunas, limite da Cremação com Condor, Guamá,

Pedreira, Telégrafo, Sacramenta, Terra Firme, em que grande parte desses bairros denota paisagem precária até os dias atuais.

Muitas lideranças de bairros mais pobres passaram a se organizar coletivamente para a mobilização em prol do direito de morar, que acaba sendo um reflexo de uma busca maior que é a luta pela cidadania e democracia (ALVES, 2010).

Em meio às lutas organizadas pelas comunidades de alguns dos bairros mais carentes (conforme tabela 1), está a do bairro da Terra Firme, o qual retrata similaridades com a ocupação da Vila da Barca, pois seus moradores são pessoas de baixa renda que vieram em sua maioria (72,2%) do interior do Estado. Sua configuração inicial era de estreitas passagens sem alinhamento ou infraestrutura, com casas de madeira, alvenaria e taipa; e passagem por estivas (ALVES, 2010).

Durante muitas décadas contou-se com atuações expressivas da união das lideranças desse (Terra firme) e demais bairros carentes por melhores condições habitacionais, em sua luta pela permanência, titulação dos lotes urbanos e infraestrutura proporcionada pelo Estado (ALVES, 2010).

A atuação do Estado nas várzeas começou a ser percebida a partir da década de 1960, como resultado da pressão exercida pela própria população moradora desse ambiente, sobre o poder público que teve como uma de suas ações mais significantes, a criação do Departamento de Obras e Saneamento (DNOS).

Outro motivo para a atuação direta do Estado foi o crescimento da cidade, o que levou a maior busca por espaços em solo urbano, até mesmo pelas baixadas, outrora desvalorizadas pelo mercado imobiliário, vindo estas, a passar por processos de valorização, tendo assim, outro público alvo, que são os sujeitos pertencentes à elite local (ABELÉM, 1989).

A partir da década de 1970, o poder público começou a realizar estudos sobre as baixadas e quais as formas mais eficazes de intervir em tais lugares, para isso, entre suas ações realizou levantamento aerofotogramétrico da cidade e implantou o Plano de Ação Imediata (PAI).

No fim dessa mesma década, iniciou um Programa denominado Recuperação das Baixadas de Belém, partindo do Igarapé do São Joaquim, que pertence à Bacia do Una, no bairro do Barreiro. Inicialmente esse Projeto trouxe benefícios aos moradores de seu entorno, posteriormente, grande parte não resistiu à especulação imobiliária e se deslocaram "espontaneamente" para outras áreas menos valorizadas de Belém (ABELÉM, 1989).

As políticas de renovação urbana de Belém, que se originaram basicamente por volta da década de 1980, pensadas pelos Projetos de micro e macrodrenagem das bacias hidrográficas, redirecionaram antigos moradores de baixadas para áreas de expansão urbana de Belém, que ficavam além da Primeira Légua Patrimonial, e demais municípios adjacentes (PARACAMPO et al., 2007).

A maior parte das ações realizadas pelo Poder Público nas baixadas não ocorreu necessariamente da forma esperada pela população residente nestas áreas. Uma vez que as melhorias na infraestrutura urbana trazidas pelo Estado, em grande parte, não estão de acordo com o cotidiano da população, além disso, a forma como os projetos são pensados não levam em consideração os reais interesses e participação dos moradores.

O que geralmente acontece é que os planos são construídos sem a participação de representantes das comunidades, desconsiderando assim, as verdadeiras necessidades da população, causando sua consequente mudança residencial (PARACAMPO et al., 2007).

O que se observa em situações similares é que, em decorrência disso, as mudanças ocasionadas para as baixadas pelo Poder Público, ocasionou o aumento no preço dos impostos, a especulação imobiliária e a mudança dos moradores que sem condições de arcar com seus novos custos habitacionais, foram em busca de novas áreas onde sua moradia estivesse condizente com sua situação financeira (ALVES, 2010).

Exemplos de casos que respaldam essa afirmação, como o da Doca de Souza Franco que substituiu as habitações em palafita por edifícios que atualmente têm um valor exorbitante e que como resultado, redirecionou seus habitantes para o Conjunto Habitacional Nova Marambaia (1970), que na época era pouco habitado e sem nenhuma linha regular de ônibus, tendo seus moradores que andar 18 km para chegarem ao centro de Belém (ABELÉM, 1989).

Cabe ressaltar que essa discussão precedente vem a contemplar o primeiro objetivo específico que se refere à análise do processo de ocupação nas várzeas e sua inserção nos projetos de requalificação urbana.

Como as áreas de baixada de Belém se encontram em áreas centrais, elas acabam sendo vistas pelos demais sujeitos sociais, como alvo estratégico à especulação imobiliária. Essa política se torna usual até o fim da década de 1990, o que vem a confirmar pela própria paisagem dessas áreas que atualmente demonstram que após a remoção de seus antigos moradores, novos serviços foram implantados, criando a face da "renovação urbana" (TRINDADE JR., 2009).

A atualidade vem demonstrar que o processo contínuo de melhoria das baixadas: sua valorização, o aumento de seus impostos e a decorrente mudança de seus habitantes para novas áreas; é o que Trindade Jr. (2009) chamou de "requalificação urbana", processo esse que contribuiu significativamente para a valorização da área urbana de Belém, e para a delimitação de sua região metropolitana.

3.3 A VILA DA BARCA NO CONTEXTO DA REQUALIFICAÇÃO URBANA[23]

No contexto das reivindicações nas áreas de baixada, a comunidade da Vila da Barca, que vem se organizando há quase duas décadas através da Associação dos Moradores da Vila da Barca (AMVB), sempre buscou por meio de discussões e reivindicações perante o Estado, a construção de um projeto que visasse melhorar sua qualidade de vida, tendo em vista, sanar prioritariamente a ausência de alguns serviços básicos (SOUZA, 2006).

---

[23] A requalificação urbana na "perspectiva de competitividade, as áreas centrais têm sido mobilizadas constantemente como espaço de investimentos e de formação de uma nova imagem para as cidades que se lançam ao mercado, procurando atrair consumidores e investidores. É o que acontece nas práticas de planejamento e gestão urbana na área central de Belém nos últimos anos, onde um conjunto de intervenções, voltadas principalmente para o lazer e o turismo, foi realizado" (TRINDADE JR.; AMARAL, 2006, p. 78).

Haja vista que sua condição de vida segundo a SEHAB (2004) contava com os seguintes aspectos:

Quanto ao abastecimento de água, das benfeitorias cadastradas, 98,52% do abastecimento é realizado pela COSANPA, sendo que ele ocorre de forma precária conforme a Figura 17, já que a tubulação se dispõe sob as pontes e casas, podendo algumas vezes ficar sujeitas a contato com a água poluída devido à penetração desta na tubulação, em decorrência de vazamentos (BELÉM, 2004).

Figura 17. Abastecimento de água potável fornecido pela COHAB disposto abaixo das palafitas e sob as pontes. Fonte: À esquerda, Barbosa (2009), à direita, acervo próprio (2012).

Quanto ao esgotamento sanitário, esse elemento causa maior preocupação, já que a Vila não conta com sistema de esgoto, pois, do total de entrevistados, 79,45% dos que responderam, informaram que destinam dejetos e águas servidas diretamente no solo e água do rio e 12,50% se utilizam de fossa negra (BELÉM, 2004).

A coleta de lixo abrange todas as áreas da Vila, sendo feita nas áreas alagadas através de carrinhos de mão, fato que não impede que as pessoas que lá habitam, joguem seus resíduos sólidos diretamente no rio (BELÉM, 2004).

A vida precária passada por essa comunidade influencia diretamente no surgimento de impactos ambientais causados a essas áreas de várzea, tendo em vista que o destino de grande parte dos dejetos sólidos ou líquidos produzidos por essa comunidade, principalmente os que moram em palafitas, são as águas da baía de Guajará.

Tal fato contribui para a proliferação constante de doenças, tais como a diarreia e a parasitose intestinal que juntas somam 47,76% das doenças mais frequentes sofridas pelos habitantes, seguida pela anemia, com 19,70%, e doença de pele, com 12,54% (BELÉM, 2004).

A conquista da qualidade de vida da comunidade da Vila da Barca perpassava por outro interesse demonstrado por Vilar (2008, p. 26),

> (...) dentre as reivindicações pleiteadas pela Associação dos Moradores da Vila da Barca (AMVB), destaca-se o Projeto de Habitação e Urbanização da Vila da Barca que há muito tempo, está presente nas principais pautas de reuniões dos moradores da área.

O contexto de modernização de Belém e suas políticas de abertura de "janelas e portas para o rio", com a intenção de resgatar a importância deste (rio) para o turismo e lazer nas áreas centrais de Belém, a Vila da Barca foi inserida quando foi pensado para ela o Projeto de Habitação e Urbanização, impingindo-a outra paisagem.

A Vila da Barca caracteriza-se como um lugar predominantemente habitacional, que a priori foi considerada, segundo o Plano Diretor Urbano (1993), como Zona Especial de Preservação do Patrimônio Ambiental (ZEPPA), mas que a partir da criação da Lei 8356 de 6 agosto de 2004, sua configuração foi alterada, deixando de ser ZEPPA para ser uma Zona Especial de Interesse Social (ZEIS) (LEI 8356 de 6 agosto de 2004).

Segundo a Lei Ordinária nº 7 de 13 de janeiro de 1993, que rege o Plano Diretor do município de Belém, as ZEIS são conforme o Art. 166 "aquelas destinadas primordialmente à produção e manutenção de habitação de interesse social e serão, pelo menos de 3 tipos"; destaca-se aqui o primeiro caso, que diz que são: "Onde estão localizadas invasões em áreas de terra firme ou de alagados, com terrenos públicos ou particulares"; que é segundo análise da autora o que melhor se enquadra à Vila da Barca.

Conforme Vilar (2008), ao se fazer uma análise acerca dos Projetos de intervenção urbana ao longo da orla[24] fluvial[25] de Belém, o que se analisa é que a inserção da Vila nesse contexto se dá em decorrência desse espaço ser visto enquanto

---

[24] Orla fluvial é considerada o "conjunto de terras e das produções/construções que estão à margem do rio Guamá e baia de Guajará, apresentando como limites, de um lado, esses mesmos cursos d'água, do outro, as vias públicas que lhes são imediatamente paralelas" (VILAR, 2008).

[25] Cabe ressaltar que a denominação "orla fluvial" é utilizada por Vilar no lugar de "margem de rio", termo utilizado pela autora dessa obra.

"um espaço 'marginalizado', que por sua vez, se difere da lógica de expansão da ocupação e dos usos recorrentes na zona oeste da orla fluvial" (p. 11).

Conforme o artigo 35 da Lei Complementar de controle urbanístico (1999), por uma ZEIS o Poder Executivo municipal terá que elaborar projeto de urbanização. Dessa forma, terá a possibilidade de receber uma maior atenção no aspecto social, e por assim dizer, pressupõe-se que os Projetos e as políticas a serem criados nesse espaço devam levar sempre em conta o objetivo principal pregado pelas ZEIS, que é "(...) à melhoria da qualidade de vida da população das baixadas e invasões, sobretudo pela elevação das condições de saneamento e qualidade ambiental" (LEI COMPLEMENTAR, 1999, ARTIGO 3, INCISO V)

Um dos benefícios da Vila da Barca ter sido inserido numa ZEIS é que conforme o § 2º do artigo 196 da Lei nº 7603 (1993) os recursos do fundo de desenvolvimento urbano voltado para as ZEIS, visa o investimento em drenagens, implantação e conservação de equipamentos sociais e áreas verdes, solo urbano e Programas Habitacionais.

Outro benefício desse enquadramento da Vila na condição de uma ZEIS contribuiu para esta, adentrar na política de revitalização das margens fluviais de Belém. Essa política de revitalização enquadra áreas que se localizam, conforme a Figura 18, às margens do rio Guamá e da baía do Guajará. Esses espaços passam por processo de embelezamento de suas paisagens e em grande parte adquirem nova função que é eminentemente turística, ou de lazer para seus habitantes locais.

A Vila da Barca está inserida nesse eixo das políticas de revitalização, uma vez que, devido a sua localização é vista como área estratégica, que possibilita a criação de uma "porta ou janela para o rio", sendo influenciada pelo processo de embelezamento da cidade.

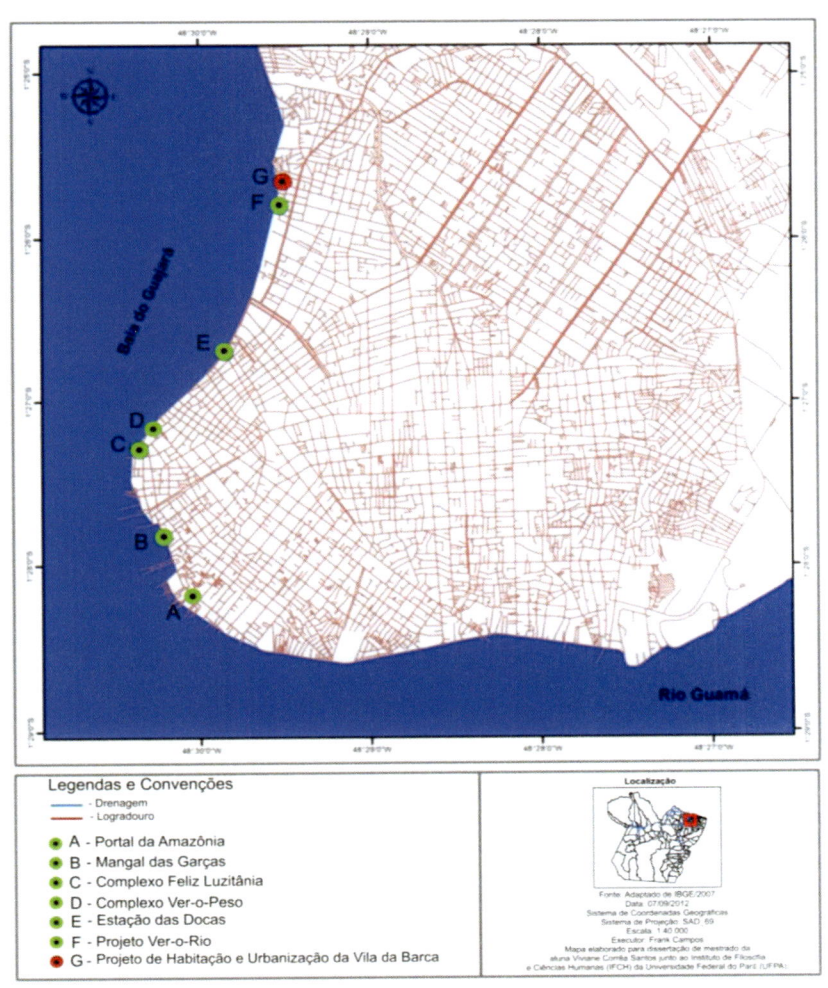

Figura 18. Requalificação urbana da margem fluvial da área continental de Belém.

A Figura 18 representa, ainda, um complexo turístico que é composto pelos seguintes espaços: Portal da Amazônia, Mangal das Garças, Complexo Feliz Lusitânia, Complexo Ver-o-Peso, Estação das Docas, Projeto Ver-o-Rio e as suas proximidades, o que vem a ser o Projeto de Habitação e Urbanização da Vila da Barca.

Destaca-se que ambas as áreas têm em comum a localização, em especial, à margem dos dois principais cursos hídricos de Belém, que vem com a proposta de abertura de janelas e portas dessa cidade, para o rio.

Conforme Ribeiro (2006), essa política de recuperação de áreas centrais é resultado de discussões e análises antigas, surgidas desde a década de 1970 no contexto urbano das metrópoles europeias. Alcançando visibilidade e demonstrando sua relevância no decorrer das décadas seguintes, o que lhe proporcionou um âmbito internacional de grande expressividade.

Como grande parte das políticas ocorrentes no Brasil e suas metrópoles, essa política urbana vem sendo implantada em grande parte sem relevar os aspectos socioambientais, desconsiderando esses elementos, que são fundamentais para uma salutar vivência urbana. Como as demais metrópoles brasileiras, Belém não ficou de fora, tanto que basta passar por suas margens fluviais para notá-las.

No contexto de modernização ou requalificação urbana, conforme Trindade Jr. (2009), que vem passando a área central de Belém, se inseriu a Vila da Barca, trazendo consigo a intenção de renovação que se daria por meio do Projeto de

Habitação e Urbanização da Vila da Barca, projetado pela Prefeitura de Belém, em 2000.

3.4. O PROJETO DE HABITAÇÃO E URBANIZAÇÃO DA VILA DA BARCA

A resistência dos moradores da Vila da Barca em sair do seu lugar de moradia, diante do processo de revitalização e privatização da margem fluvial de Belém, contribuiu expressivamente para a implantação de um Projeto social para a Vila da Barca. Dentro deste se previa o subprojeto de Habitação e Urbanização da Vila da Barca.

O Projeto de Habitação e Urbanização da Vila foi idealizado em 2000 e o início da sua implantação ocorreu em 2004. Sua construção surgiu da parceria da PMB com o Ministério das Cidades, através do Programa de Erradicação de Palafitas do Governo Federal, com a proposta de promover a transformação das áreas alagadas e alagáveis em Terra Firme (BELÉM, 2004).

O projeto que foi dividido em três etapas e, encontra-se atualmente, na segunda etapa.

Ressalta-se que não é objetivo desta pesquisa analisar na íntegra o Projeto. Mas serão analisados os objetivos voltados para atender as questões socioambientais, para acompanhamento de sua aplicação na comunidade.

3.4.1 O INÍCIO DO PROJETO DE HABITAÇÃO E URBANIZAÇÃO DA VILA DA BARCA: OS OBJETIVOS

O objetivo prioritário do Projeto perpassa por três âmbitos, que são: urbanização, habitação e sociais.

Com este propósito, visa à recuperação da área, adequando-a ao processo de urbanização de sua adjacência, por meio de intervenções físicas que contribuam para a qualidade de vida dessa comunidade, incluindo melhoria das condições habitacionais, infraestruturais e socioambientais, promovendo o desenvolvimento local sustentável, proposto a partir da participação popular (BELÉM, 2004).

Além dos objetivos acima outros serão destacados nesse projeto, conforme a SEHAB (BELÉM, 2004):

- Garantir a participação popular, o controle social e programas de assistência em todas as etapas do processo;
- Desencadear um processo no qual a comunidade possa assimilar as situações e problemas apresentados na área, partindo para a coparticipação na implementação dos serviços propostos;
- Capacitar a população da área, através de cursos para atender a necessidade de estaleiros e pesca;
- Contribuir para a constituição de uma nova mentalidade sanitária e socioambiental através da participação da população em atividades de educação sanitária e ambiental, de forma a prevenir a ocorrência e/ou reduzir a incidência de doenças,

mediante processos de educação ambiental e sanitária, articulando com secretarias afins.

É importante mencionar a participação da Secretaria de Pesca no projeto inicial. Tratando-se de comunidade de pescadores, esta secretaria apresentou como proposta a capacitação de cursos profissionalizantes e de criação de cooperativas de pescadores para geração de renda.

Outras iniciativas como a formação de grupos empreendedores para o emprego em obras físicas do projeto, a obtenção de linha de crédito, seguro defesa e direito previdenciário, foram pensadas para os pescadores da comunidade (BELÉM, 2004).

Uma das propostas do projeto foi transformar essa área em um ponto de visitação turística (Figuras 19 e 20), a qual, após sua conclusão terá o papel de integrá-la ao projeto Ver o Rio, que faz parte da revitalização da orla de Belém e assim como as demais, oferecerá infraestrutura de lanchonetes, restaurantes e pontos de venda de produtos regionais. Cabe ressaltar que esta ainda não foi contemplada.

Previa-se que a mão de obra a ser empregada seria composta por membros da comunidade da Vila, que passariam por processos de capacitação (BELÉM, 2004). Constatou-se nas pesquisas de campo que atualmente, 60% da mão de obra utilizada na construção dos blocos são de moradores da Vila.

As Figuras 19 e 20 são plantas que representam a futura paisagem da Vila da Barca após o término do projeto.

Requalificação urbana da paisagem de várzea e suas consequências socioambientais

Figura 19. Proposta do Projeto de Urbanização e Habitação.
Fonte: Site Prefeitura Municipal de Belém - SEHAB

Figura 20. Proposta do Projeto de Urbanização e Habitação.
Fonte: Site Prefeitura Municipal de Belém - SEHAB

Cabe destacar que essas figuras não representam a atual Vila da Barca, pois a paisagem atual não se compara a nenhuma das plantas apresentadas no projeto. Não há palafitas, nem os moradores atuais em relação, com a baía do Guajará. Isso em grande parte descaracteriza o verdadeiro significado da Vila, pois essa não é só uma área de moradia, mas representa todo um tipo de vivência de pessoas. Os seus hábitos e costumes podem ser classificados em grande parte como peculiares em meio urbano, principalmente no centro de uma metrópole. A Vila da Barca deixaria de sê-la, se não fossem as pessoas que lá moram e que a constroem a partir de suas relações e modo de vida.

O projeto social, nome dado ao projeto maior, iniciado em 2004, previa a construção de 610 unidades habitacionais em blocos de alvenaria, proporcionar o aterramento da área, drenagem, pavimentação e a construção de um museu na comunidade.

Do levantamento prévio realizado na comunidade, 4.000 moradores foram cadastrados no projeto, dos quais, 2.500 foram beneficiários diretos e 1.500 foram os beneficiários indiretos.

Devido às atualizações do Projeto, o número de unidades habitacionais a serem construídas passou a ser 624 unidades. Além de equipamentos comunitários e comércios, com serviços como: aterramento, muro de arrimo, rede de abastecimento de água, coleta e tratamento de esgoto sanitário, rede de drenagem pluvial, pavimentação de vias, construção de píer, praças e áreas verdes (BELÉM, 2004).

3.4.2 AS ETAPAS DO PROJETO DE HABITAÇÃO E URBANIZAÇÃO DA VILA DA BARCA

O Projeto foi fragmentado em três etapas, as quais, cada uma está inserida em programas como: Morar Melhor, Palafita Zero e PAC, respectivamente, os quais seriam responsáveis pela disposição da estrutura final (Figura 22).

A primeira etapa, denominada programa Morar Melhor, já foi concluída em 2007, com a entrega de 136 unidades habitacionais na área correspondente ao antigo curtume, que ficava entre a rua Nelson Ribeiro e a margem da Baia de Guajará, conforme as delimitação na Figura 21 (A) e (B).

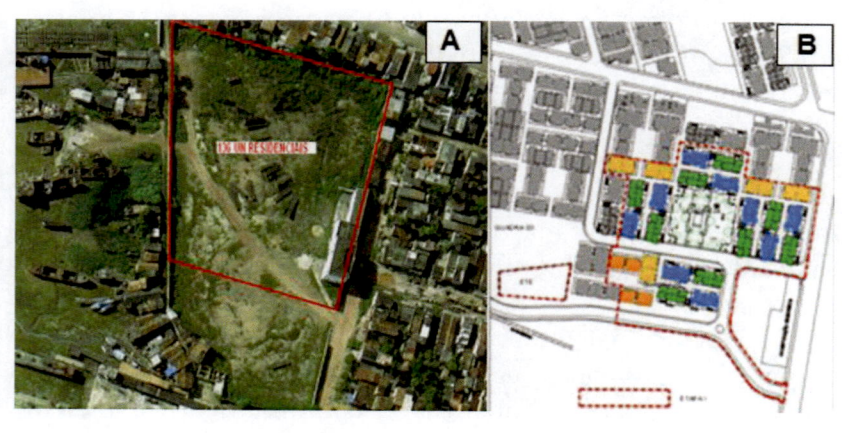

Figura 21. (A). Imagem aérea da área de construção da 1ª etapa do projeto. (B). Planta delimitando a construção dos blocos, área de lazer e Estação de Tratamento de Esgoto (ETE), inseridos na 1ª etapa do Projeto

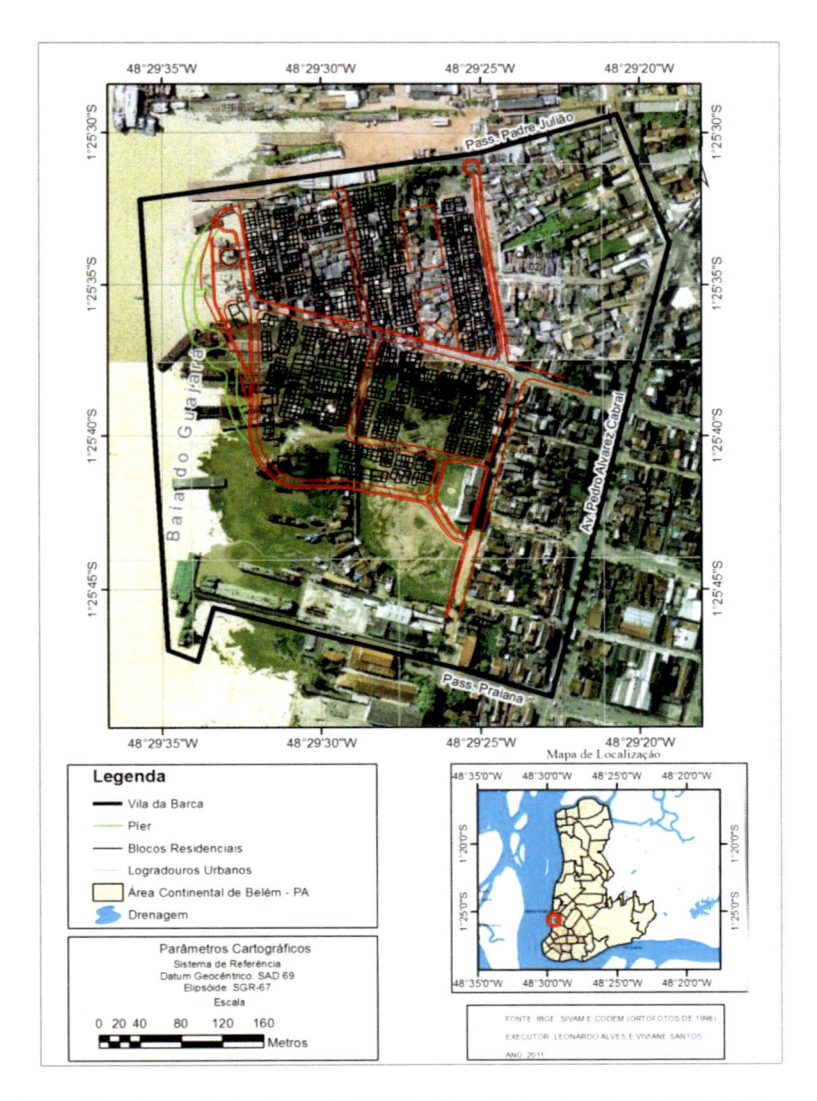

Figura 22. Planta do Projeto de Habitação e Urbanização da Vila da Barca

A segunda etapa, que é denominada Programa Palafita Zero, tem como planejamento a construção de 92 unidades habitacionais. A referente etapa está dividida em três fases: a fase I, fase II e fase III. E é voltada especialmente para a infraestrutura, tendo, como focos principais: as condições de habitabilidade, recuperação ambiental, regularização fundiária.

Essa etapa releva também como eixo temático voltado para o aspecto social, elementos como: a mobilização e organização sócio-política, educação sanitária e ambiental e geração de trabalho e renda.

A terceira etapa, que é denominada PAC, visa à construção de 406 unidades habitacionais. Ressalta a construção de pavimentação, esgoto, drenagem e equipamentos urbanos.

Nessa ultima etapa tem a pretensão de aterrar 81.000 m³, ampliar a rede de drenagem para 2.700m, aproximar a rede de abastecimento de água para 1.250m, rede de esgoto para 5.275m; ampliar a Estação de Tratamento de Esgoto (ETE) de 3.000 para 6.000 habitações, construir a nova ETE para 10.000 habitantes e pavimentar 17.880m².

Apesar do cronograma pré-estabelecido para o término do projeto, este ainda encontra-se na segunda etapa.

Desde o primeiro mês do ano de 2012, uma nova construtora está atuando nas obras do Projeto, é a Empresa Decol Engenharia que, conforme informações de funcionários, pretende-se concluir a segunda etapa, entregando 90 unidades habitacionais. E em meio a isso, sobre a terceira etapa, não se tem previsão da data de início de suas obras.

O próximo capítulo desta pesquisa analisa as propostas do projeto relacionando-as às entrevistas feitas com moradores acerca de como eles percebem as alterações socioambientais que estão ocorrendo nesse lugar.

CAPÍTULO 4
PAISAGEM, PERCEPÇÃO E QUALIDADE DE VIDA NA VILA DA BARCA

Retomando o conceito de paisagem de acordo com Bertrand e Bertrand (2009), a Vila da Barca pode ser compreendida a partir do modelo Geossistema, Território e Paisagem (GTP). A dinâmica natural das áreas de várzea apresentada no capítulo 2 corresponde ao Geossistema na sua relação antrópica. Nesse sentido, o território se estabelece como espaço de poder e também de identidade. E por sua vez, a paisagem cultural é a expressão da relação entre os moradores que a ocupam. Dessa forma, esse capítulo irá retomar as dinâmicas da paisagem, em seus aspectos natural e cultural, enfatizando a forma que os moradores as percebem.

4.1. PERCEPÇÃO DOS MORADORES SOBRE A PAISAGEM CONSTRUÍDA A PARTIR DO PROJETO DE HABITAÇÃO E URBANIZAÇÃO DA VILA DA BARCA

Para entender as influências do Projeto de Habitação e Urbanização da Vila da Barca sobre essa comunidade, é imprescindível se fazer previamente uma análise da percepção destes sujeitos, e se eles sentem alguma alteração resultante dessas influências. Como sentem e compreendem a chegada desse novo elemento de atuação, que não teve na verdade como não ser sentido por eles, já que foi algo que acabou, na maioria dos casos, por vir influenciar sua vivência no lugar.

Para se entender de fato o significado da Vila da Barca para sua comunidade (sendo este um dos objetivos específicos dessa pesquisa), antes e depois da execução do Projeto de Urbanização, foram realizadas entrevistas que denotaram a gradativa mudança na percepção das pessoas.

Quanto ao perfil dos entrevistados[26], grande parte deles nasceu em Belém, sendo seus pais já moradores da Vila da

---

[26] As entrevistas semiestruturadas foram realizadas com moradores da Vila. Entre eles, nove mulheres, com faixa etária entre 19 a 78 anos, sendo três acima de 60 anos. Quanto aos homens, estes foram treze, com faixa etária entre 21 a 61 anos, dos quais, apenas um tem acima de 60 anos.

Barca, sujeitos estes que eram naturais dos municípios do interior do Pará, como já foi discutido no capítulo anterior.

A Tabela 2 representa o perfil da atuação profissional desses entrevistados e suas relações com atividades ligadas à baia de Guajará, ou rio; destacando-se que atualmente, há apenas um vigia de estaleiro, um marítimo (como ele se denominou), e quem ainda pesque por subsistência e hábito. Esses são sujeitos que se utilizam de forma direta ou indireta dos recursos naturais presentes na baía.

Quanto ao tempo de moradia destes entrevistados na Vila, esse é muito variado. Pois, o período vai de menos de quatro até setenta e um anos. Assim sendo, o fato de essas pessoas terem nascido na Vila ou terem chegado ainda crianças, fez com que estas fossem herdeiras da casa de seus pais, por isso, na maioria dos casos, as casas são consideradas próprias.

Quanto ao entrevistado que tem menos de quatro anos de moradia na Vila, este, reside na palafita e também é natural de algum município do interior. Pelo seu tempo de moradia, chegou depois dos cadastros feito pela SEHAB, desse modo, ao término do Projeto, ele provavelmente não receberá indenização ou uma unidade habitacional.

Segundo os moradores, em decorrência da valorização que este lugar está passando, houve muita chegada de novos sujeitos.

Tabela 2 – Perfil dos moradores entrevistados da Vila da Barca

Sexo	Idade (anos)	Origem	Tempo de moradia na Vila da Barca (anos)	Tipo de moradia	Profissão
Feminino	78	Belém	71	Palafita	Aposentada (ex-cozinheira do cais do porto)
Feminino	63	Cametá	63	Palafita	Ex-cozinheira
Masculino	59	Belém	59	Palafita	Padeiro
Masculino	46	Belém	46	Bloco	Ambulante
Feminino	43	Belém	43	Palafita	Cozinheira
Masculino	43	Belém	43	Bloco	Metalúrgico
Masculino	61	São Luís (Maranhão)	39	Palafita	Vendedor
Feminino	34	Belém	34	Bloco	Dona de casa

Feminino	53	Belém	30	Bloco	Dona de casa
Feminino	28	Belém	28	Palafita	Dona de casa
Masculino	25	Belém	25	Bloco	Vigia dos estaleiros
Masculino	42	São Miguel do Guamá	25	Palafita	Comercializa materiais recicláveis
Masculino	24	Belém	24	Bloco	Serviços gerais
Masculino	24	Belém	24	Palafita	Desempregado
Masculino	37	São Miguel do Guamá	> de 20	Palafita	Vendedor de açaí
Feminino	70	São Sebastião	20	Palafita	Aposentada
Masculino	28	Primavera	10	Bloco	Vigilante (pesca de lazer)
Masculino	35	Belém	10	Palafita	Desempregado
Feminino	42	Belém	6	Palafita	Manicure

Feminino	19	Belém	4	Bloco	Estudante
Masculino	21	Castanhal	4	Palafita	Representante da A.M.V.B.
Masculino	54	Oeiras do Pará	3 anos e 3 meses	Palafita	Marítimo

Fonte: Dados da pesquisa (2011)

4.1.1 TOPOFILIA E TOPOFOBIA NA VILA DA BARCA

Como uma das intenções da pesquisa é valorizar o significado que os moradores da Vila têm sobre este lugar é que lhes foi perguntado qual a palavra ou sentimento que lhes vem à cabeça ao falar em Vila da Barca.

Para a análise desse questionamento tais respostas foram interpretadas pelos conceitos de topofilia e topofobia de Tuan (1980), o qual vem a analisar a relação do sujeito com o lugar ou meio ambiente que este interage. Dessa forma, topofilia é entendido como "(...) o elo afetivo entre a pessoa e o lugar ou ambiente físico. Difuso como, vivido e concreto como experiência pessoal". Para esse autor, a consciência do passado é compreendida como elemento relevante para o apego ao lugar (TUAN, 1980 p. 5).

Para esse autor, a topofilia está diretamente ligada ao sentimento construído a partir da história vivida no lugar, relaciona-se a satisfação de grupos e indivíduos em reproduzir seu modo de vida em determinado lugar ou meio ambiente, podendo ainda mudar sua percepção acerca desse lugar a partir da mudança de sua relação com o mesmo.

No contexto do conceito de topofilia Tuan (1980), relacionado as respostas dos entrevistados da Vila da Barca, foram demonstrados sentimentos variados, em que inicialmente aparece o sentido de topofilia, quando eles expressam o significado da Vila enquanto representação de um lugar para eles. Esse significado é expresso desde a importância da boa localização (que por sinal foi muito destacado entre eles), a segurança, a tranquilidade, a alegria, até a importância dada à vizinhança.

Portanto, segundo os moradores das palafitas, a comunidade é compreendida da seguinte forma:

> "Família, uma comunidade que consegue ser unida, as pessoas chegam aqui e elas abraçam, é uma comunidade muito alegre, que adora festa." (G. Siqueira, morador há 4 anos, palafita, representante da A.M.V.B.[27])

> "Tudo de bom, foi aqui que tudo se deu, os filhos cresceram bem." (J. Costa, morador há 38 anos, palafita)

> "Pra mim é tudo, em termo de família e moradia pra mim não significa nada esses prédios, uma coisa que não são nossos, pois não pode modificar." (A. Rodrigues, morador há 25 anos, palafita)

---

[27] Associação dos Moradores da Vila da Barca (A.M.V.B.)

Outras falas que reforçam o sentimento de topofilia são as dos moradores dos blocos:

> "Alegria, é mais organizado." (M. Mercedes, moradora há 53, bloco)

> "Lugar bom, ótimo local, sua proximidade." (N. Santos, morador há 46 anos, bloco)

4.1.2 SENTIMENTO DE TOPOFOBIA

Em contrapartida, ao conceito de topofilia, o lugar pode ser analisado pela perspectiva do conceito de topofobia, que expressa diferente sentido no que se refere à relação entre o sujeito e o lugar ou o meio que o cerca. Tendo em vista que esse conceito ressalta a insegurança que o indivíduo sente por algum motivo por está inserido em determinado ambiente.

Os sentimentos mais comuns da topofobia são caracterizados a partir da transparência do medo, repulsa. O que acaba causando de certa forma o não apego ao lugar. Esse sentimento, ao contrário da topofilia, é resultado da inexistência de afetividade, de criação de significado para o sujeito, ou ainda, é considerado um espaço estranho, nesse sentido, não tendo o valor simbólico representado por um lugar. (TUAN, 1980)

Destaca-se também nas falas dos entrevistados, a percepção dos mesmos a respeito das percepções das pessoas de fora sobre a Vila, que são representadas por sentimentos negativos sobre a mesma.

A priori a percepção dos moradores das palafitas:

> "Discriminação feita pelas outras pessoas, lugar de prostituta, ladrão e traficante." (B. Ferreira, moradora há 63 anos, palafita)

A visão dos moradores dos blocos que é similar aos das palafitas:

> "Segurança que não tem." (S. Lopes, moradora há 34 anos, bloco)
>
> "Discriminação feita pelos outros, lugar de bandido, vagabundo e ladrão." (J. Santos, morador há 43 anos, bloco)"

Tiveram os que inicialmente se recusaram a ir morar na Vila em decorrência de considerá-la um lugar ruim, devido a lama, a mata; mas que, por seus serviços e pelo respeito conquistado nesse lugar, acabou gostando e se sentido segura. E atualmente não tem a menor intenção de morar em outro lugar.

Essas falas representam o sentimento hostil que alguns moradores têm desse lugar, o que é reflexo em grande parte do fato da Vila ser considerada uma área pobre onde vivem pessoas de baixo poder aquisitivo, com precária infraestrutura, o qual eventualmente aparecia nos meios de comunicação de massa como lugar de ocorrência de assassinatos, venda de drogas e furtos. Tais elementos representam o sentimento de topofobia, discutido por Tuan (1980).

Quando se pergunta sobre os pontos positivos da Vila, o que esses moradores ressaltam de imediato são elementos como a vizinhança, que é considerada boa, as boas pessoas. A tranquilidade, principalmente pelo fato da diminuição da criminalidade, que segundo eles, ocorreu a partir da realização do Projeto da Vila. A proximidade do lugar com os inúmeros serviços do centro, e ainda, o lazer na beira do rio, os antigos banhos na maré.

Como cada sujeito percebe os processos de acordo com a sua rotina ou interação em determinado grupo social, tem ainda os que entendem que a Vila não é muito segura, é lugar de roubo, péssima saúde e insegurança e lugar de criminalidade. Quanto ao perfil desses moradores, dois deles têm entre dez e dezesseis anos e apenas uma mora há quatro anos com a irmã que já era da Vila, todos são atualmente moradores dos blocos.

Já os que se mostram satisfeitos com os avanços infraestruturais e com a segurança na Vila são os moradores mais antigos, que por sua vez, vivenciaram o desenvolver das relações e a chegada dos serviços públicos a ela, sendo em grande parte os moradores que ainda habitam as palafitas.

Com relação ao gostar da morada na Vila, todos os entrevistados responderam que sim, mesmo considerando a existência de alguns problemas nesse lugar.

Em decorrência dos atrativos existentes na Vila, nenhum dos entrevistados consegue se imaginar morando em outro lugar, pois ela os oferece a proximidade dos serviços ofertados no centro, a vizinhança, a casa própria ou por qualquer outro motivo. Tudo isso é mais relevante que as características consideradas por alguns deles como negativas.

Quanto aos elementos atrativos da Vila, esses moradores ressaltam dois aspectos, a priori os materiais, como: a localização que é considerada um dos aspectos de maior expressividade. Tendo em vista que a maioria são pessoas com baixo poder aquisitivo e a proximidade do centro de Belém possibilita aos mesmos se deslocarem e acessar com maior facilidade os serviços que se encontram às suas adjacências, como é relatado pelos moradores das palafitas:

> "Perto de tudo, do centro da cidade, da maré que tem peixe e camarão fresco, transporte." (J. Costa, morador há 61 anos, palafita)

> "Tudo perto, até posto médico." (R. Viana, morador há 24 anos, palafita)

O segundo aspecto consiste no destaque dos elementos simbólicos, os quais consistem na importância dos laços afetivos criados entre os vizinhos, pelo fato de se conhecerem há muitos anos e serem considerados de confiança, ou seja, pessoas com quem podem contar em momentos de necessidades, sendo esta uma percepção comum entre os moradores das palafitas e dos blocos

> "As boas amizades." (N. Pinheiro, morador há 3 anos e 3 meses, palafita)

> "O que você fizer pra vender tudo você vende, o que precisar você tem, até posto de saúde, até pro Ver O Peso você vai, até pra igreja." (B. Ferreira, moradora há 63 anos, palafita)

> "Gosto das pessoas, só saio depois de morrer." (M. Mercedes, moradora há 30 anos, bloco)

Nessa fala se percebe a solidariedade entre os vizinhos, pois quando foi dito que tudo que for posto para vender se vende é porque um morador ajuda o outro no sentido de consumir o que é vendido, tendo em vista que sabem que é de lá que eles conseguem retirar seu sustento.

Foi chamada atenção para os serviços existentes na Vila, em especial devido à situação financeira dos seus moradores que é composta por uma comunidade expressivamente carente. Dessa forma, tais elementos são destacados pelos moradores das palafitas quando dizem que:

> "Tudo, tem posto médico, associados, bate papo, encontros de idosos aleatórios, sem encontros marcados." (A. Viana, moradora há 70 anos, palafita)

> "Tem os cursos na Associação, e suas proximidades como Curro Velho e UEPA." (R. Cordeiro, moradora há 6 anos, palafita)

> "A existência de posto de saúde." (R. Lobato, moradora há 20 anos, palafita)

Por ser uma comunidade carente, esses serviços são fundamentais para eles, inclusive foram resultados de reivindicações ao longo dos seus anos de moradia na Vila.

O último aspecto tem a ver com os elementos proporcionados pela memória e paisagem do lugar. E isso se dá pelo fato da Vila estar localizada à margem direita da baía de Guajará, ou rio como eles se referem.

A memória que está presente nos moradores dos blocos tem haver com a relação do rio enquanto elemento de lazer

> "A maré e os banhos na infância" (A. Ramos, morador há 25 anos, bloco).

> "O lazer do local." (B. Franco, morador há 24 anos, bloco)

Quanto à memória dos moradores das palafitas, a baía é vista como elemento de lazer, no qual também se ressalta a importância dos elementos alimentícios que este (rio) pode prover

> "A comida que vem do rio, mas tão acabando" (M. Viana, morador há 59 anos, palafita).

Pela parte da tarde, a beira do rio é considerada por parte dos moradores, principalmente pelos que ainda estão nas palafitas, como local de lazer, onde tomam banho e se encontram com amigos.

Tem ainda os moradores que desenvolvem atividades voltadas à pesca, que a tem como um auxílio a sua sobrevivência ou como subsistência nos momentos de desemprego.

4.1.3 A PERCEPÇÃO DOS MORADORES SOBRE O PROJETO DE HABITAÇÃO

Quando foram questionados sobre como era viver na Vila antes do Projeto, os moradores dos blocos foram enfáticos a fazer referência à frágil infraestrutura que o lugar lhes oferecia, principalmente quanto à ausência de saneamento básico.

> "Casas de madeira e pontes, era horrível." (L. Teixeira, moradora há 4 anos, bloco)

> "Não era bom o saneamento e as doenças das pessoas." (B. Franco, morador há 24 anos, bloco)

Com relação aos moradores das palafitas, esses ressaltam que a chegada do Projeto não alterou em nada suas vidas, que não sentiram influências expressivas, exceto a diminuição da violência

> "Não teve nenhuma mudança." (B. Ferreira, moradora há 63 anos, palafita)

> "Mudou pois a violência diminuiu." (R. Viana, morador há 24 anos, palafita)

Outro elemento considerado como negativo para os moradores das palafitas foi a mudança de habitação em madeira para os blocos,

> "Toda pessoa por mais humilde que fosse tinha sua casa própria e todos viviam unidos." (R. Cordeiro, moradora há 6 anos, palafita)

> "Já foi até melhor antes do projeto, muitas pessoas foram embora, pois nunca acaba, 95% não tem como manter esse padrão." (J. Costa, morador há 39 anos, palafita)

E não eram somente os moradores das palafitas que tinham essa opinião sobre os blocos, mas também alguns dos atuais moradores destes:

> "Pra ser sincero eu preferia como era as casas de madeira, os blocos não são muito bacanas, porque cada um tinha a sua casa." (A. Ramos, moradora há 25 anos, bloco)

> "Só palafita, tudo era bom." (N. Santos, morador há 46 anos, bloco)

Quando os moradores souberam da implantação de um futuro Projeto pensado para a comunidade, estes passaram a ter vários questionamentos sobre quais seriam as propostas para eles e expressaram diferentes reações, como: esperanças, novas perspectivas e medos, justamente pelas dúvidas e insegurança surgidas.

Tiveram reações que se mostraram a favor do Projeto, principalmente daqueles que hoje moram nos blocos, mas esses ao serem construídos e habitados, revelaram aos poucos que não era bem o que haviam sido mostrados no Projeto Habitacional apresentado a eles anteriormente:

> "Gostaram da ideia antes de aprontarem, pois agora só há reclamação." (M. Mercedes, moradora há 30 anos, bloco)

> "No início era bom, quando entregaram vieram as reclamações." (J. Silva, morador há 10 anos, bloco)

> "Achavam que ia ser bom, por causa da moradia, segurança e lazer." (N. Santos, morador há 46 anos, bloco)

Existiram reações negativas também por moradores que ainda estão nas palafitas:

> "Os idosos se recusaram, principalmente os que moravam na beira do rio, as pessoas tão acostumadas na casa grande e agora essas casas pequenas que dão um passo tão na sala, dão outro passo, tão na cozinha." (M. Ferreira, moradora há 43 anos, palafita)

> "As pessoas não queriam, pois não teriam como pagar." (R. Lobato, moradora há 20 anos, palafita)

> "A primeira reação foi contra, pois trazia transtornos, pois tinha pessoas que iam pegar açaí nas ilhas, ia pescar, e tudo ia acabar ainda tem muitos contra." (C. Costa, morador há 38 anos, palafita)

Os fatores culturais foram relevantes para a reação negativa desses moradores que passaram a criticar esse Projeto. A mudança na forma da habitação, foi e é algo que mais gera discussões, bem como, o medo constante de perder o pouco que eles haviam conquistado em toda sua vida.

No decorrer da conclusão da Primeira Etapa do Projeto, os moradores puderam avaliar quais os fatores que eles acharam que tiveram melhoras. Os fatores que tiveram mais expressividade, tanto para os moradores das palafitas quanto para os dos blocos, foram: o saneamento, a coleta de lixo que ocorre todos os dias (exceto no domingo), a diminuição de doenças e da violência e a saída das estivas.

> "Água, esgoto, menos doença." (M. Viana, morador há 59 anos, palafita)

> "As casas de alvenaria e ter água e esgoto, te dá uma dignidade." (G. Siqueira, morador há 4 anos, palafita, representante da Associação dos Moradores)

> "Saneamento, coleta de lixo e lazer para as crianças." (S. Moura, morador há 28 anos, bloco)

> "Saneamento e saúde." (S. Lopes, moradora há 34 anos, bloco)

Quando foi perguntado a eles se tinham informação de quantas famílias haviam saído e/ou chegado à Vila, estes informaram números variados e incertos que vão de cinco a duzentas, esses números são considerados inviáveis para uma análise científica.

Enfim, eles expressam que houve muita partida e também intensas chegadas de outras famílias, essa informação vem principalmente dos moradores que ainda estão nas palafitas, pois ainda interagem mais entre si.

"Chegaram muitas pessoas desconhecidas." (A. Viana, moradora há 71 anos, palafita)

"Chegou mais do que saiu, gente da Terra Firme, Jurunas, Guamá." (J. Costa, morador há 38 anos, palafita)

A saída intensa é atribuída em grande parte à baixa condição financeira dos moradores para se manter nesse lugar, que conforme entrevistas, sua manutenção neste é cada vez mais distante, devido a sua crescente valorização. Ou ainda, segundo o representante da A.M.V.B., as famílias que estão chegando são em grande parte as que foram retiradas das palafitas para se inserirem o aterramento e construção dos blocos.

Como grande parte dessas famílias não encontrou moradias as proximidades da Vila que pudessem alugar pelo valor do auxílio moradia, de R$ 400, dado pelo Poder Público, essas famílias estão retornando e reconstruindo suas casas sobre as águas da baía.

A reconstrução de casas em palafitas deve-se também ao crescimento das famílias que moram nessa área e estão à espera dos blocos, pois seus membros vão casando e tendo filhos, o que os fazem construírem outras habitações que comportem suas famílias.

Com relação aos tipos de reclamações mais comuns dos moradores sobre as novas habitações, estas são bem expressivas quando se referem à má qualidade de sua construção, já que são consideradas frágeis, sofrem infiltração, são pequenas para comportar as famílias e seus móveis, além de não terem quintais para estender suas roupas e cultivar suas plantas como era de costume.

Tais opiniões vêm tanto daqueles que já estão ocupando os blocos, conforme entrevistas abaixo:

> "Infiltração durante as chuvas e casas mal feitas." (A. Ramos, moradora há 25 anos, blocos)

> "A infiltração, rachadura e esgoto entupido." (J. Santos, morador há 43 anos, bloco)

> "Falta de privacidade, tamanho da casa, falta do quintal, problemas de infiltração." (S. Feio, moradora há 34 anos, bloco)

> "Antes era espaçosa tive até que dividir a família, pois não tinha espaço." (M. Mercedes, moradora há 30 anos, bloco)

Além dos moradores dos blocos, tem as críticas daqueles que estão prestes a serem contemplados com a entrega dos apartamentos, os moradores das palafitas, os quais já temem por tais problemas futuros em suas moradias, como:

> "Falta da qualidade das casas, pois não condiz com a realidade paraense, projeto do Rio de Janeiro, e Belém não dá certo devido ao maior calor e infiltração." (J. Costa, morador há 38 anos, palafita)

> "Rachaduras, infiltração, bueiros e caixa de gordura entupido. Antes as casas enchiam por baixo, por causa da maré, agora enche por cima devido as infiltrações." (G. Siqueira, morador há 4 anos, palafita, representante da A.M.V.B.)

Somado a falta de qualidade das casas, os moradores dos blocos, por se depararem diretamente com esses problemas, criticam também o aumento substancial do valor dos serviços básicos utilizados por eles, como abastecimento de água e luz, os quais não eram pagos ou tinham um valor irrisório quando estes moravam nas palafitas:

> "Antes se pagava somente uma taxa, agora tem a luz que vem em torno de R$ 200, além da água e IPTU." (S. Moura, moradora há 28 anos, bloco)

> "Água e energia que vem muito caro." (J. Silva, morador há 10 anos, bloco)

A situação expressa acima pode ser entendida como o principal elemento que motiva a partida de famílias, pertencentes à comunidade da Vila, que receberam os apartamentos, em busca de nova moradia que corresponda à sua condição financeira.

Quando lhes foi perguntado quais as benfeitorias que o projeto trouxe para as suas vidas, a maioria das respostas estava relacionada à infraestrutura que lhes foi proporcionada; serviço destacado principalmente por moradores das palafitas que tanto os almejam, conforme entrevistas:

> "Tirou de cima da lama e botou em lugar saneado." (J. Costa, morador há 38 anos, palafita)

> "Coleta de lixo, que passa todos os dias, só não no domingo, pra reeducar o povo." (A. Rodrigues, morador há 25 anos, palafita)

Quanto aos moradores dos blocos, estes destacam a mudança no transitar na Vila, elemento destacado também pelos moradores das palafitas, conforme entrevista:

> "Infraestrutura e urbanização das ruas." (S. Moura, moradora há 28 anos, bloco)

> "O modo de viver, ruas, a troca das palafitas." (R. Viana, morador há 24 anos, palafita)

A construção da praça deu origem à outra alternativa de lazer na Vila além do rio, nela são feitos encontros entre os vizinhos e outras práticas sociais como festas de Natal e venda de produtos nas noites dos fins de semana.

As casas são elementos com bastante referência, tendo em vista que eles as entendem como representação da qualidade de vida, já que foram tirados de "cima da lama" para habitar outras casas. Excetuando os problemas de rachaduras, essas moradias são consideradas pelos moradores das palafitas como elemento que vem a possibilitar sua qualidade de vida:

> "Possibilidade de casas melhores." (R. Cordeiro, moradora há 6 anos, palafita)

> "Perspectiva de melhor habitação." (R. Lobato, moradora há 20 anos, palafita)

Quanto à participação dos moradores nas discussões sobre a elaboração do Projeto, muitos dizem que elas foram importantes, realmente positivas para estarem mais informados e darem sua opinião, no entanto, nas poucas vezes que participaram, viram muitas confusões e por isso deixaram de participar.

> "Sim, não por causa das discussões e confusões." (A. Viana, moradora há 71 anos, palafita)

> "Sim, mas só discussão que não levou a nada." (A. Rodrigues, morador há 25 anos, palafita)
>
> "Sim, só no tempo de eleição, geralmente é mais briga." (M. Lima, morador há mais de 20 anos, palafita)

Os que tiveram a intenção de participar com mais constância, perceberam que essas discussões não eram para auxiliar em seu planejamento, mas para comunicar aos moradores sobre suas intenções, uma vez que o Projeto já estava preestabelecido quando lhes foi apresentado. Tendo em vista que os moradores dos blocos e das palafitas observaram no decorrer dessas reuniões que:

> "Sim, quando fizeram, perguntaram a opinião, mas não colocavam a nossa opinião." (J. Silva, morador há 10 anos, bloco)
>
> "É negativo, já que chamou o povo apenas pra falar, não deixava emitir opinião." (R. Cordeiro, moradora há 6 anos, palafita)

E assim, o Projeto da Vila da Barca, passou a ser desacreditado pelos moradores, porque eles escutavam uma informação e na prática viam outra sendo executada, conforme entrevistas:

"Sim, no início era importante, depois mudou o projeto." (B. Ferreira, moradora há 63 anos, palafita)

"Toda semana tinha reunião, mas o que diziam não se tornou realidade, sempre mudavam o que diziam." (J. Costa, morador há 38 anos, palafita)

"A comunidade foi chamada, mas o projeto não seguia o que havia sido dito." (G. Siqueira, morador há 4 anos, palafita, representante da A.M.V.B.)

4.1.4 A CASA E AS FORMAS DE MORAR: ELEMENTOS QUE SE DESTACAM NA REPRESENTAÇÃO DA PAISAGEM DA VILA DA BARCA

As casas existentes na Vila da Barca, especialmente as construídas em palafitas, não são apenas elementos ou formas componentes da paisagem desse lugar, pois elas têm significados que vão para além deste, tendo em vista suas formas diferenciadas. A Figura 23 representa um mosaico de fotos multitemporais que vem demonstrar suas especificidades, que foram criadas pelo desejo e situação financeira de cada família que a habita.

As formas são apreciadas e se notam os tamanhos variados, a quantidade de cômodos, a sua organização interna, o material empregado, a localização espacial de cada uma, a área disponível em seu entorno, a forma de seu telhado, o tipo de madeira utilizada para a construção e demais elementos que surgem de acordo com o grau de atenção de cada observador.

Essas casas perpassam por vários significados, como: conforto, segurança, posse, história de luta, todos esses são resultados de seu processo de construção.

> Apesar das dificuldades enfrentadas tanto no diz respeito ao acesso, quanto no que concerne às alterações e reformas que durarão, em alguns casos, "toda uma vida", as famílias pobres atribuem um valor inestimável à casa - e, aqui, leia-se casa própria - o que pode ser comprovado através de palavras ou expressões que expressam a síntese destes sentimentos: "é tudo": "abrigo", "lugar de descanso", "local de privacidade", "espaço da família", "refúgio", "segurança", "propriedade", "a cara de quem mora" (MAIA et al., 2011, p. 4-5).

Todas essas casas são resultados de autoconstrução, feitas por seus próprios moradores ou com ajuda de vizinhos, são os chamados mutirões que são frequentes nessas áreas mais pobres. São casas que tiveram suas construções iniciadas desde a chegada das primeiras gerações na Vila e que até hoje estão em construção e constantes melhoras

> O acesso à casa – principalmente a própria – não se coloca aos trabalhadores pobres como algo fácil. Ao contrário, demanda, em geral,

um grande e longo investimento. O esforço envolvido na construção da moradia pode ser exemplificado pelo desgaste físico que implica – pois, em muitos casos, são os próprios moradores que se incumbem de "levantar a casa", a duras penas e em momentos que deveriam ser destinados ao descanso, como os finais de semana. Toda a família e até os amigos são envolvidos neste processo e as intervenções realizadas não contemplam grande planejamento ou técnica, tampouco a contratação de engenheiros ou arquitetos, resultando em grande perda de material, tornando ainda maior o custo da construção (MAIA et al., 2011, p. 4).

Figura 23. Mosaico multitemporal das casas em palafita da Vila da Barca

Requalificação urbana da paisagem de várzea e suas consequências socioambientais

Outro hábito existente nessas áreas é que, em decorrência do aumento na quantidade dos membros das famílias, usa-se o restante do espaço de seus terrenos para aumentar o número de cômodos de suas casas para abrigar todos os integrantes.

Dos vinte e dois entrevistados, dezenove demonstram descontentamento com as alterações ocorridas em seu espaço de vivência.

Ao serem perguntadas quais as alterações eles fariam, caso pudessem refazer o Projeto, o que retirariam ou acrescentariam, todos eles fizeram referência a um único elemento, o qual fariam alterações: o tipo de habitação. Embora estando satisfeitos ao terem recebido casas de alvenaria, os mesmos, alterariam à má qualidade das obras, dentre elas principalmente: as infiltrações, o tamanho dos apartamentos e a falta de ventilação.

Sem contar que além da má qualidade da construção das casas, foi ressaltada a largura das ruas construídas entre os blocos, onde não passam carros maiores como ambulância e caminhão de bombeiro e que mesmo os carros pequenos que passam danificam as ruas:

> "As ambulâncias e carros de bombeiros só passam na rua principal e os carros pequenos que tem, acabam cedendo a rua. A comunidade foi chamada, mas o projeto não seguia o que havia sido dito." (G. Siqueira, morador há 4 anos, palafita, representante da A.M.V.B.)

Entre os elementos que os moradores acrescentariam ao Projeto, estão: área de serviço, a possibilidade de alteração da estrutura dos apartamentos e aumento em seu tamanho, além da entrega de apartamentos com espaço compatível ao número de integrantes da família:

> "Não vai ter armador por causa da falta de qualidade, mas a maioria das pessoas dorme na rede." (B. Ferreira, moradora há 63 anos, palafita)

> "Quatro famílias para um apartamento, os apartamentos são incompatíveis com o numero de famílias." (H. Carneiro, morador há 10 anos, palafita)

Alguns se referem ainda ao material de construção das casas, que mesmo sendo de madeira e estando sobre as águas, era de madeira nobre, com uma excelente qualidade, um lugar onde eles não tinham essas "confusões" as quais passam hoje nos blocos.

Os moradores que ainda estão nas palafitas ficam receosos de mudarem para os blocos, devido às incertezas que os cercam e que são vistas na prática com a mudança de seus antigos vizinhos.

As insatisfações visíveis nas entrevistas ratificam a informação que os moradores deram sobre a forma que ocorreu o planejamento do Projeto de Habitação e Urbanização da Vila da Barca, o qual, segundo eles, não deu ouvidos às necessidades e aos interesses dos moradores dessa comunidade antes das obras.

A raiz histórica da origem dos primeiros moradores dessa comunidade, que iniciou sua vivência numa área fisicamente propícia às oscilações fluviais, contribuiu para que a percepção de moradia criada por essas pessoas no decorrer de suas histórias de vida tivesse como referência os espaços das casas. Logo, os blocos, representam um elemento estranho para eles, pois esta nova estrutura trazem ritmos diferenciados de vida e novas posturas sociais.

Em nível de comparação entre a moradia em casa e apartamento, ambos representam comportamentos diferenciados, pois em sua maioria, as casas dispõem de espaços mais amplos com possibilidade de aumento do número de cômodos e são arejados; proporcionam uma relação mais íntima com os vizinhos; tem os quintais como área de lazer, espaços alternativos de circulação, áreas de estender roupas ou criar animais domésticos e cultivar plantas de pequeno e médio porte; são espaços individualizados, os quais quando são modificados não precisam dar satisfações aos vizinhos; são espaços particulares e individuais de cada família.

A moradia nos apartamentos, especialmente os construídos pelos Projetos Habitacionais, voltados à população mais pobre, ocorre de forma diferenciada, uma vez que seus tamanhos são menores. E por não existirem os quintais, as pessoas estendem roupas nas janelas ou áreas improvisadas e cultivam suas plantas em pequenos vasos; evitam deixar as portas abertas pela falta de segurança e devido a passagem do vizinho pela sua porta, o que lhe dá visão sobre sua sala e cozinha, adentrando sua intimidade.

O contato entre os vizinhos em suas casas passa a ser menor devido à inexistência de área de lazer nos blocos, onde possam sentar e conversar. As pessoas se tornam mais reservadas, passam a seguir códigos de postura existentes nesses novos espaços da modernidade; além do fato de que os blocos representam um todo, composto pelos apartamentos e qualquer problema que ocorra em um deles influencia de certa forma na morada nos demais apartamentos.

Nas disposições dos blocos, a escada e o corredor são comuns ao acesso de todos os moradores, além de que, a caixa d'água do morador de baixo fica no apartamento do morador de cima, o que geralmente gera problemas entre ambos, tornando a moradia em apartamento cada vez mais impessoal.

Como fechamento das questões para a entrevista, foi perguntado qual a nota que eles atribuíam ao projeto, essas notas foram variadas, de zero a dez (Tabela 3)[28].

Tabela 3- Notas dos entrevistados atribuídas ao Projeto de Habitação da Vila da Barca

Notas atribuídas	0	De 1 a 5	De 6 a 9	10
N. de entrevistados	3	10	5	3

Fonte: Dados da pesquisa (2011)

---

[28] A organização dessa tabela se deu a partir do agrupamento das notas atribuídas pelos entrevistados, dando-se ênfase a nota e quantidade de entrevistados.

A Tabela 3 demonstra a singela credibilidade que o Projeto de Habitação conquistou junto à comunidade da Vila da Barca, pois mesmo considerando a importância dos serviços implementados por esse Projeto, os moradores sabem que ele transparece fragilidade, quando este se expõem com frequência às constantes rachaduras e infiltrações dos apartamentos, espaços quentes, sem ventilação, pouco adequados a quantidade de membros das famílias, entre outros já discutidos.

Como foi mostrado outrora, o Projeto de Habitação é reflexo das lutas dessa comunidade, pois os moradores almejam fatores que possam proporcioná-los Qualidade de Vida, no entanto, são constantes as discussões acerca das obras e de sua qualidade infra estrutural que deixa os moradores cada vez mais insatisfeitos, por terem percebido que suas ânsias e necessidades não foram levados em consideração, tendo em vista que sua opinião foi irrelevante nas discussões do planejamento do Projeto.

Quanto à avaliação feita pelos moradores, esta demonstra que, dos três entrevistados que atribuíram zero ao projeto, duas são mulheres e são moradoras da Vila desde que nasceram, no entanto, uma mora nos blocos e a outra nas palafitas; quanto ao terceiro, este é homem e mora na Vila há vinte e cinco anos, em casa de palafita, o que tem em comum entre os três é o fato de ambos exercerem suas atividades em suas residências, o que faz com que eles se utilizem mais tempo do espaço de suas casas e por isso, sintam a maior necessidade destas serem mais adequadas a suas atividades diárias.

As notas que variaram de um a nove, devem-se à má qualidade das habitações, que tem infiltrações e rachaduras, espaços considerados pequenos, que não oferecem ventilação e a demora em sua construção, o que faz com que aumente suas expectativas de mudança para a conquista de melhores condições de conforto e dignidade em suas moradias.

Das três notas dez que foram atribuídas ao Projeto, dois entrevistados são do sexo masculino e uma do sexo feminino, esta entrevistada mora a setenta e um anos em casa de palafita e é ex-cozinheira do cais do porto, atribuiu essa nota sem de fato ter conhecimento sobre a vivência nos blocos, seus problemas, suas melhoras e reclamações acerca destes; sua nota deve-se à aparência das novas moradias e aos novos serviços que vem surgindo com a inserção desse Projeto.

Quanto aos entrevistados do sexo masculino, um deles é morador da Vila desde que nasceu, há quarenta e seis anos, foi contemplado com um apartamento, o qual já está morando, destaca como problemas as rachaduras e não esclarece o porquê de atribuir essa nota. O terceiro entrevistado mora nas palafitas, tem conhecimento das constantes reclamações dos moradores dos blocos, no entanto, atribui essa nota pelas moradias construídas em alvenaria, ressaltando a importância de sua qualidade.

Vale destacar que mesmo com todas essas insatisfações, eles o consideram algo relevante para sua qualidade de vida, se questionando mais pela demora da entrega da obra e pela falta de qualidade das habitações.

Alguns moradores das palafitas justificam da seguinte forma

> "Zero, pois acabou com o espaço, tem que estender roupa nos quartos, um calor insuportável." (S. Feio, moradora há 34 anos, palafita)

"Um, devido à parada da obra e falta de perspectiva de continuar." (N. Pinheiro, morador há 3 anos e 3 meses, palafita)

"Dez, por causa das mudanças de casa para alvenaria, mas é importante a qualidade das obras." (H. Carneiro, morador há 10 anos, palafita)

Ao analisar a avaliação feita pelos entrevistados, observa-se que suas maiores insatisfações ocorrem devido a estes não terem sido ouvidos durante a construção do Projeto, o que ocasionou a construção de habitações sem as "suas caras", elas não representam os seus hábitos e por isso essas novas habitações que estão sendo entregues não despertam o significado que as antigas casas, mesmo em palafitas e com toda carência, expressavam a essas pessoas.

4.2. REFLEXÃO SOBRE A QUALIDADE DE VIDA DOS MORADORES DA VILA DA BARCA GERADA PELO PROJETO DE HABITAÇÃO E URBANIZAÇÃO.

Com base nas entrevistas realizadas com os moradores da Vila da Barca, pode-se refletir sobre as propostas sobre a qualidade de vida dos moradores a partir da implementação do Projeto de Habitação e Urbanização da Vila da Barca.

Quando se discute a qualidade de vida, se abrange variados aspectos que perpassam por elementos materiais e elementos simbólicos, não estabelecendo qualquer ordem de superioridade entre ambas, no entanto, se destacando a necessidade mais expressiva de cada grupo (VITTE, 2009).

Nesse contexto, o que se observa é que a busca inicial pelos elementos materiais torna-se num primeiro momento prioritária, de acordo com a realidade social do grupo que almeja a melhora de sua vivência, ou o que se denomina atualmente no campo científico como qualidade de vida.

A Tabela 4 mostra os principais elementos materiais responsáveis pelo alcance da qualidade de vida conquistada pela comunidade.

Tabela 4- Elementos elencados para a qualidade de vida

Serviços de saneamento básico	Moradias mais seguras (alvenaria)	Saúde	Coletas de lixo	Segurança	Lazer	Construção de ruas e suas pavimentações
7	4	3	2	2	2	1

Fonte: Dados da pesquisa (2011)

A comunidade da Vila da Barca por ser constituída em sua maioria por pessoas com baixo poder aquisitivo, mesmo residindo no centro da cidade, não dispõem de serviços básicos a uma vida digna, como expressam os próprios moradores.

A qualidade de vida expressa pelos entrevistados é compreendida inicialmente a partir da implantação dos elementos materiais, os entendendo como: serviços de saneamento básico, realizado pela Estação de Tratamento de Esgoto (ETE); moradias mais seguras, de alvenaria; construção de ruas e suas pavimentações adequadas e coletas de lixo. Estes foram elementos muito expressivos no decorrer das entrevistas e que conforme os moradores, isso acaba sendo algo satisfatório para eles.

Os serviços de segurança pública que o Projeto trouxe no decorrer de sua implantação é algo expressivo nas falas dos entrevistados devido a maior presença de policiamento, decorrente do próprio processo de valorização da área, isso foi considerado algo muito importante para a qualidade de vida da comunidade.

A tabela 4, ao considerar prioritários os serviços materiais, não desconsidera a relevância dos elementos imateriais como: apego ao lugar, aos vizinhos, ritmos de vida diferenciados, contato direto com a paisagem, entre outros. O que ocorre é que esses elementos já existem nessa comunidade, vínculos esses, mais presentes entre os moradores das palafitas, no entanto, a carência financeira dessa comunidade faz com que a prioridade é poder ter uma vida mais digna, contar com os serviços infra estruturais proporcionados pelo Poder Público.

Para poder ter uma vida mais digna, os serviços propostos pelo Estado, tem que necessariamente ter qualidade. Fator esse que se mostra inexistente nas habitações que, conforme a Figura 24, demonstra as pinturas que são feitas no exterior das habitações como forma de impedir as infiltrações nos apartamentos decorrentes de chuvas.

Conforme informação obtida através de conversa informal com uns dos membros da atual empresa responsável pelas obras do Projeto, o modelo arquitetônico dessa construção não propõe o revestimento dessas paredes com cimento.

Em decorrência da ação constante das chuvas, os moradores têm como alternativa a impermeabilização das paredes externas dos blocos, para dificultar sua infiltração.

Figura 24. Blocos revestidos com substância impermeável para impedir a infiltração de água da chuva para o interior de seus apartamentos. Fonte: Acervo próprio (2012).

Outras insatisfações concernentes às habitações é o fato de ter que dividir a mesma escada que leva aos apartamentos de cima, logo para chegar a eles, os moradores têm que cruzar a frente da cozinha de seu vizinho, o que lhes faz sentir falta de privacidade.

Nas palafitas, a vizinhança é antiga, criaram-se laços afetivos os quais ainda não foram reconstruídos nos blocos, pois nestes os moradores não tem tanto contato. Isso se expressa ao se transitar nas duas áreas, pois nas palafitas há uma movimentação maior, mais constante, durante o dia inteiro; já nos blocos, não.

O acesso à casa dos vizinhos ocorre com frequência a todos os momentos do dia; já na área dos blocos, esse transitar não é visto com tanta frequência, eventualmente ocorre com as crianças que se encontram na praça para o lazer, mas é algo mais difícil de ser notado entre as pessoas mais velhas.

O fato das caixas d'água dos vizinhos de baixo ficar no telhado do vizinho de cima causa eventuais discussões entre ambos, principalmente quando estes têm que entrar na casa do vizinho para ter acesso a sua caixa d'água em caso de ter que lavá-la ou resolver outra situação.

Os moradores destacam ainda que os planejadores do Projeto não levaram em consideração seus elementos culturais, como os armadores de redes, que não podem ser instalados, pois, segundo os moradores, a fragilidade das paredes e a falta de reboco, provavelmente acarretariam problemas para a estrutura geral dos blocos.

No entanto, muitos desses moradores têm o hábito de dormir em redes, parte da cultura amazônica, principalmente os mais velhos, por terem vindo do interior do Estado, onde esse costume é mais comum.

Demais elementos como a falta de ventilação nos blocos, e o tamanho considerado insuficiente para abrigar famílias de quantidade variada de integrantes, fizeram com que estes moradores se tornassem saudosistas de suas antigas casas, que eram separadas umas das outras e tinham tamanho adequado à quantidade de pessoas.

A relação criada entre os moradores e o rio (baía de Guajará), intensa antes do Projeto, está relacionada aos banhos na maré durante sua infância. Costume esse que ainda é mantido entre alguns moradores da Vila, principalmente as crianças e adolescentes.

A retirada de alimentos do rio também é algo que aparentemente vem demonstrando preocupação, pois alguns moradores, que no momento de carência de alimentos para suas refeições ou devido a ser um hábito cultural, retiram da baía recursos naturais destinados a esse fim, tais como peixe, siri e camarão.

Como respaldo para análise desse contexto é que Mendonça (2002) faz a discussão acerca da relação do conceito de paisagem com o termo socioambiental, em que este desenvolve a ideia das transformações na paisagem e sua consequente influência nas relações entre os grupos sociais e o ambiente que o cerca, refletindo desde seus espaços, até o uso de seus recursos utilizados para sua subsistência, vindo a alterar a relação entre os sujeitos.

4.2.1 O SIGNIFICADO DOS QUINTAIS: A EXTENSÃO E O ESPAÇO DE LAZER E CONTATO ENTRE OS VIZINHOS

A estrutura dos apartamentos desconsiderou um elemento de uso habitual dos moradores, que são os quintais. Espaço onde alguns faziam suas criações de animais domésticos, lazer entre a família e amigos, cultivo de determinadas espécies vegetais, e estendiam suas roupas.

Com a construção dos blocos, o espaço dos quintais, conforme a Figura 25, está sendo improvisado por meio de cordas que ficam fora da área das casas, ou em janelas, lugares onde o sol possa alcançar. Quanto às vegetações, estas agora são de portes bem menores, as quais só podem ficar em vasos pendurados nas paredes ou no corrimão dos blocos.

Quanto aos antigos vizinhos, essa relação acabou sendo desfeita, pois os moradores foram deslocados para os blocos de forma aleatória, tendo que criar novos laços de vizinhança, os quais não têm muito êxito em decorrência da arquitetura das habitações, a qual já foi destacada.

Figura 25. Áreas que vieram a substituir os quintais, servindo para estender roupas e criar plantas. Fonte: Acervo próprio (2008 e 2012, respectivamente).

Essa relação de vizinhança tem um aspecto importante a ser analisado, pois nas palafitas, um vizinho sabe a necessidade sofrida pelo outro e acabam se ajudando mutuamente. São parceiros até quando consomem os produtos vendidos, pois os mesmos sabem que é dali que é retirado o seu sustento.

Essa relação afetiva que existe entre os vizinhos demonstra o que Tuan (1983) considera como lugar, o entendendo como um espaço inteiramente familiar, estando entre as razões de ser um lugar, o fato de proporcionar abrigo, ou onde uns se preocupam com os outros, onde há lembranças e sonhos, expressando ainda, seus diversos significados.

Quando morre algum integrante da Vila, geralmente o corpo é velado na Associação dos Moradores e o volume dos aparelhos de som é diminuído em respeito ao vizinho morto e sua família. Fato que já não tem tanto significado na área dos blocos, em decorrência de sua distância e de seus moradores terem adquirido ritmos de vida diferenciados, como: os vizinhos não frequentarem mais a casa uns dos outros com a mesma intensidade.

Tal fato respalda a análise de Carlos (2007), em que este expressa que as mudanças não ocorrem apenas no âmbito arquitetônico, ou seja, da forma, mas acaba influenciando e, às vezes, determinando de forma significativa, a perda da identidade desses grupos sociais, podendo chegar ao empobrecimento identitário significativo.

Esse empobrecimento passa a transparecer nas relações cotidianas como: dissolução das relações de vizinhança, o distanciamento da natureza, o esfacelamento das relações familiares, a mudança das relações dos homens com os objetos, mudança na vida cotidiana, o surgimento de novos valores, entre outros (CARLOS, 2007).

A inserção do Projeto na Vila da Barca trouxe a essa comunidade a possibilidade de conquista de elementos materiais pautados no contexto da qualidade de vida.

Criando novas relações sociais nessa comunidade, contribuindo para que seus moradores se adéquem ao novo processo decorrente dessas mudanças, que foram sentidas principalmente por aqueles que já vivem sob os ritmos sociais urbanos.

Os moradores dos apartamentos, que alcançaram, em parte, a qualidade de vida almejada, em decorrência da má qualidade dos serviços já evidenciados, bem como, o aumento do valor dos serviços utilizados por eles, tais como as taxas de água, luz e IPTU, que para a maioria são considerados além de seu poder aquisitivo.

Fazendo análises acerca da atuação do Projeto na Vila, o que pode ser notado é que os moradores, em especial os dos apartamentos, mesmo não se dando conta da influência que vem passando por essa mudança de modelo habitacional, demonstram a partir da dinâmica de seu novo cotidiano, outro significado para a Vila, criado involuntariamente por eles.

Os moradores demonstram o mesmo sentimento topofílico por esse lugar, no entanto, mudam seus hábitos sociais e seu apego as pessoas, se comparado com a relação mais intrapessoal que ocorria quando moravam nas palafitas. Essa mudança de significado perpassa pelos novos ritmos sociais criados pelos moradores em sua vivência nesse lugar, fato que ocorre devido às alterações provocadas pelo Projeto. Destacam-se os moradores dos apartamentos, uma vez que os que não se adéquam a esses novos modelos de vivência acabam tendo que se mudar da comunidade.

Com relação aos moradores das palafitas, observa-se que eles não sofreram expressiva influência do Projeto, pois a área dos blocos e das palafitas é vista basicamente, como duas áreas isoladas. Parte dos moradores das palafitas não sabe de fato o que ocorre nos blocos, a não ser a partir de comentários de outras pessoas. Seu modo de vida permanece o mesmo, anterior à chegada do Projeto, que consiste na inexpressividade das Políticas Públicas, e por isso, o significado da vila para eles é considerado o mesmo.

A análise precedente identifica as mudanças no significado da Vila da Barca para os seus moradores após a implantação do Projeto de habitação, demonstrando que tal significado varia de acordo com sua maior inserção no Projeto, fato que ocorre principalmente a partir de sua mudança para os blocos.

No tocante a um dos objetivos específicos dessa pesquisa que se refere à qualidade de vida ambiental urbana proporcionada por esse Projeto, dentre as suas propostas estavam: a arborização e a manutenção de livre acesso para a baía, permitindo que os moradores continuassem a utilizar o rio, além de apartamentos ventilados.

No entanto, foi analisado que em decorrência de toda a fragilidade (atraso na obra, má qualidade, irrelevância das opiniões dos moradores etc.) na construção desse Projeto, esses elementos foram até então deixados de lado. Já no caso da arborização existente na praça, conforme a Figura 26, são consideradas apenas de forma estética e com extensão de médio porte, não oferecendo sombra e conforto térmico a essa área de lazer.

Figura 26. A vegetação da praça em decorrência de sua disposição espacial e porte médio não possibilitam sombra e conforto térmico suficiente, nessa área de lazer da Vila. Fonte: Acervo próprio (2012).

Outro objetivo do Projeto, que consiste em proporcionar educação ambiental por meio da criação da mentalidade sanitária e socioambiental entre os moradores da comunidade, segundo entrevistados e representantes da Associação dos Moradores, é mais um deles que ficou de lado, pois o Projeto de habitação está centrando sua "pequena intensidade" na construção das habitações, ficando parados os demais equipamentos urbanos e projetos que o constituem.

Em decorrência desses fatos, pode-se inferir que dentre as intenções iniciais do planejamento do Projeto de Habitação e Urbanização da Vila da Barca, foi pensado como objetivo a ser alcançado dentre os elementos referentes à qualidade de vida, os relacionados à relação sociedade e natureza existente nesse lugar.

No entanto, de acordo com as informações já discutidas acima, esses elementos se tornaram secundários pelo Projeto, em detrimento dos demais elementos materiais, considerados pelos planejadores e a própria comunidade, como maior necessidade social.

Todo esse processo vivido nos últimos anos pela comunidade da Vila da Barca, vem refletindo diretamente num elemento de suma importância para fazer a leitura do espaço que é a paisagem. Tendo em vista que ela não é apenas a forma estabelecida, mas todo seu contexto de construção, a relação socioambiental que esta abrange e sua carga simbólica e cultural.

Retomando o objetivo geral dessa pesquisa que se refere à análise acerca da reconstrução da paisagem da Vila da Barca e suas implicações para a qualidade de vida dessa comunidade, pode-se dizer que as transformações feitas nessa paisagem influenciam moradores tanto dos apartamentos como das palafitas, cada um a sua maneira, de acordo com a relevância cultural que ela representa para cada morador desse lugar.

Tendo em vista que, segundo Bertrand e Bertrand (2009), esta pode ser considerada pela perspectiva do espaço vivido-concebido um elemento componente da natureza, mas nem por isso deixa de sofrer constantes transformações para se adequar as dinâmicas sociais.

Na perspectiva da qualidade de vida proporcionada pela boa interação entre sociedade e ambiente natural, o que se pode apreender é que os Projetos planejados pelo Estado pensaram a questão ambiental, mesmo esta não tendo posterior relevância no que se refere a sua prática.

Por outro lado, é interessante discutir a relevância desse aspecto para um sujeito que tem relação direta com esse ambiente natural, a comunidade, que foi quem sobreviveu nesse ambiente considerado inadequado à habitação, mas que aos poucos passou a viver nele e com ele.

Considera-se que as dificuldades existentes em decorrência das características físicas da área de várzea, onde está a Vila da Barca, atualmente esse ambiente faz parte de sua vivência e hoje tem o papel de expressar sua história de vida.

Percebe-se que grande parte da comunidade, principalmente os moradores das palafitas não são sensíveis à questão ambiental, pois qualquer pessoa que olhe para baixo das pontes irá de imediato se deparar com uma expressiva quantidade de lixo que é jogada todos os dias na água que pertence à baia. Esse lixo não se resume a garrafas PET, mas ainda a sofás, vasos sanitários, televisões e inúmeros outros objetos descartáveis. Isso ocorre mesmo os moradores terem conquistado o direito à coleta de lixo nas áreas da palafita.

Dessa forma, observa-se a necessidade de realização de um trabalho voltado para a educação ambiental, especialmente com os moradores das palafitas.

É pertinente se por em prática as questões ambientais propostas para a Vila, mas antes disso, sensibilizar a comunidade do ato tão sério que está fazendo e que acaba não se dando conta que ela é uma das causadoras dos grandes índices de doenças em sua família e que essa degradação ambiental vai ser algo prejudicial até para aqueles que consomem peixe e demais animais que são retirados das águas das proximidades da vila, isso somado à degradação à baia que é causada por outros agentes sociais existentes na margem fluvial.

Resgatando o fato de que a contribuição desse trabalho tem o sentido de aumentar o debate sobre a forma que historicamente os Projetos Habitacionais Urbanos vêm sendo implantados, e em meio a isso, levar ao Estado e suas instâncias administrativas a perspectiva da população envolvida sobre as propostas apresentadas pelos Projetos Habitacionais.

Cabe ao fim dessa análise sobre a qualidade de vida dos moradores dessa comunidade, na qual vem sendo construído esse Projeto, propor formas diferenciadas de implantação de futuros Projetos de âmbito peculiar, que tem como público-alvo pessoas de baixa renda, que ocupam margens de rios e igarapés e, sobretudo, que tem como herança, histórias de vida ligadas à cultura ribeirinha.

É relevante destacar dois elementos de suma importância para o sucesso de qualquer Projeto Habitacional Urbano, são eles, o social e o natural, pois não tem como alcançar qualidade de vida sem manter a relação e o respeito entre ambos.

O espaço geográfico onde habita a comunidade da Vila da Barca é constituído por características ambientais diferenciadas, dentre elas, terreno de várzea, sujeito à oscilação de maré, que ao invés de serem relevantes na construção do Projeto, foram totalmente desconsideradas ao serem aterradas.

Mais uma vez repete-se o ciclo, pois ao invés de se criar alternativas para projetar Belém a partir de seus cursos navegáveis, ou pôr em prática a proposta de "Veneza da Amazônia", pensada por Gronfelds, foi novamente aterrada parte de sua hidrografia, o que demonstra que as políticas na Amazônia estão sendo contrárias à importância dada aos elementos naturais, discutida em âmbito global.

Com relação ao aspecto social, as análises anteriores expressam com palavras dos moradores entrevistados, quais os elementos importantes para eles e o que possibilitaria sua qualidade de vida. Eles consideram as alterações oriundas do Projeto, no entanto entendem que elas são insuficientes para eles, uma vez que destacam a relevância de elementos culturais desconsiderados pelo projeto, como: espaços maiores, quintais, armadores de rede; e demonstram insatisfação com a demora das obras, e o que eles denominam de obras de má qualidade devido às infiltrações e falta de reboco, além de outros.

Com base nos relatos dos moradores entrevistados, a análise feita desse Projeto, é a de que este foi mais uma vez organizado a partir daqueles que viam a comunidade da Vila da Barca de forma distante, a partir de sua percepção do que seria qualidade de vida para eles e não de como os moradores a entendem. Quais os elementos que realmente seriam relevantes para eles poderem ter qualidade de vida e não apenas deixar que esta pretensão ficasse no plano das ideias, desconsiderando a relevância da participação social nas discussões e suas aplicações.

Diante dessas insatisfações, um elemento fundamental para alcance da qualidade de vida proposta pelos Projetos de Habitação criados pelo Estado é proporcionar maior relacionamento entre os sujeitos sociais que serão diretamente afetados com esse planejamento, trazendo-os para o diálogo e por meio deste e das discussões ocorridas, chegarem ao consenso da aplicação de Projetos que sejam adequados as suas necessidades, o que de fato viria a somar para a melhora de sua qualidade de vida.

Nesse contexto de participação social surgiu o conceito de governança, pois conforme Vasconcellos, Vasconcellos e

Souza (2009), este é resultado da relação mais próxima entre sociedade civil organizada e Estado, para que ambos construam juntos Políticas Públicas voltadas à sociedade, uma vez que é ela, a sociedade, que vive em seu cotidiano, as relações sociais e conhecem as condições ambientais adversas de sua moradia.

Todavia, uma forma de mitigar os problemas oriundos das Políticas Públicas implementadas pelo Estado é promover maior incentivo à participação da sociedade civil organizada, ressaltando sua participação nas discussões e planejamento, mais ainda, legitimando sua participação por meio da aplicação de suas propostas nos Projetos, pois dessa forma a sociedade vai se sentir motivada a participar das discussões com os órgãos planejadores e dar credibilidade a estes.

CONSIDERAÇÕES FINAIS

Para construir a síntese desse trabalho coube a revisão feita a partir da discussão em torno da cada capítulo, na tentativa da compreensão da pesquisa como um todo. Dessa forma, será feito abaixo o encaminhamento do desenvolvimento das discussões dos quatro capítulos.

No primeiro capítulo desta dissertação foram utilizados conceitos necessários ao desenvolvimento teórico da pesquisa, iniciando com a discussão da paisagem, tendo em vista que é sobre ela que as alterações da forma e conteúdo simbólicos ocorrem além de elementos indispensáveis a sua compreensão, tais como: cotidiano por meio da leitura do lugar e qualidade de vida, trazendo em suas análises indicadores objetivo e subjetivo, dando ênfase a este último, devido à atenção dada a percepção dos moradores da comunidade da Vila da Barca.

Nesse sentido, a paisagem foi compreendida enquanto elemento que concretiza as relações entre os grupos sociais e destes com o meio ambiente. E sua utilização ratificou o fato de que a alteração que vem ocorrendo na paisagem da Vila da Barca acarretou em novas influências sobre esses sujeitos, em especial, aos que já estão morando nos blocos.

Esse fato é notório quando expressam sua nova vivência, considerada por grande parte deles como qualidade de vida, mas que também demonstram traços de insatisfações com a nova moradia, ao falarem da má qualidade das construções, dos serviços de água e luz que se tornaram onerosos, impossibilitando-os o pagamento e sua própria manutenção nesse lugar.

No segundo capítulo foi feita análise sobre as características do sítio urbano do centro de Belém relacionado à sua dinâmica de ocupação, em meio à construção de habitações em áreas fisicamente inadequadas, intensificando problemas socioambientais urbanos.

O terceiro capítulo apresentou a construção histórica da comunidade da Vila da Barca e suas lutas por melhores condições de vida em meio às reivindicações populares nas áreas de várzea de Belém, culminando com a inserção do Projeto de Habitação e Urbanização implantado nessa comunidade.

A Vila da Barca aparece nesse contexto de insatisfações e lutas por melhores condições habitacionais e infraestruturais. O processo de construção histórica dessa comunidade cria um significado que vai para além de um lugar que tem a função única de moradia para essas pessoas. Mais que isso, sua paisagem expressa todo um significado social que só é sentido por aqueles que a vivem e tem sua história como herança de vida.

Cada elemento constituinte dessa paisagem o leva ao seu desenvolvimento cultural, pois mesmo se localizando no centro de Belém, área privilegiada por inúmeros serviços, essa comunidade ainda hoje é constituída por de diferentes ritmos de vida, sendo alguns, voltados às atividades urbanas; e outros ligados às atividades ribeirinhas, reproduzindo hábitos culturais herdados dos primeiros moradores da Vila.

A proposta de construção do Projeto de Habitação e Urbanização da Vila da Barca surgiu em meio às políticas de requalificação urbana de Belém, e de antigas lutas dos moradores, culminando no enquadramento da Vila enquanto uma ZEIS. O que contribuiu para que essa configuração ocorresse de maneira diferente de momentos anteriores, os quais os moradores de várzeas das áreas centrais de Belém, eram transferidos para locais distantes do centro, recriando seu modo de vida em espaços diferentes do anterior.

O Projeto de Habitação e Urbanização da Vila da Barca foi inserido com a proposta de melhorar a qualidade de vida desses moradores. Analisada na íntegra, a proposta se mostrava válida, levando em conta que iria de fato melhorar a vida dessas famílias. No entanto, no decorrer das discussões do Projeto, e principalmente da entrega dos apartamentos, as pessoas se deram conta de que suas opiniões não foram levadas em consideração e junto a elas, seus costumes, que antes eram reproduzidos em suas casas na forma de palafitas.

No quarto capítulo foi analisada a percepção dos moradores sobre as influências desse Projeto em suas relações socioambientais, uma vez que foram eles os mais influenciados por essas políticas, desde o momento que elas foram propostas, até serem efetivadas, se ressaltando que o Projeto ainda está em processo.

No tocante a esse aspecto, conclui-se que esse Projeto reproduz a lógica de construção de Projetos Habitacionais similar aos demais projetos de cunho social que já foram criados. Isso é ratificado em primeiro lugar, pela forma padrão dos apartamentos, que tem o mesmo tamanho, comportando diferente número de pessoas em seus espaços.

Em segundo lugar, está novamente o fato dos membros do Poder Público, mesmo tendo escutado a opinião dos moradores, não as tenham levado em consideração para que suas necessidades e modo de vida reproduzidos nesse espaço pudessem se manter.

Os planejadores das políticas habitacionais ainda não se deram conta que as habitações são feitas para diferentes grupos sociais e que cada grupo tem especificidades, que muitas vezes têm relação com a paisagem a qual interage em seu cotidiano.

O morar é mais que uma rotina, pois envolve elementos simbólicos, familiares, culturais, econômicos, entre outros. Nesse sentido, a moradia deve ser um lugar acolhedor, aconchegante, em que as pessoas tenham o prazer de chegar e permanecer por longo tempo.

O fato de esses apartamentos demonstrarem "defeitos", conforme entrevistas, em sua estrutura é outro aspecto que depõe contra a credibilidade dos projetos habitacionais, fazendo com que os grupos, ao saber previamente da inserção destes para suas áreas de moradia, questionem sua validade, pois as pessoas que já construíram suas habitações, como alguns casos da Vila da Barca, com madeira nobre e amplos espaços, ficam insatisfeitas com a entrega desses apartamentos considerados por eles, pequenos e de má qualidade.

A forma como o Poder Público vem encaminhando as determinações do Projeto para a Vila da Barca deixou bem claro que mais uma vez os projetos estatais para as áreas de baixada não refletem e nem respeitam as necessidades e costumes da população dessas áreas.

Nesse sentido, o que deveria ser configurado enquanto lógica de melhoria das baixadas, da maneira que vem sendo posto em prática, acaba na verdade indo no sentido contrário, contribuindo para a saída paulatina desses moradores para áreas próximas ao centro de Belém, as quais ainda não sofreram beneficiamento e que por isso, podem viver com sua baixa renda.

Como recomendações resultantes da análise do todo, esse trabalho tem a intenção de chamar a atenção dos órgãos públicos ligados à habitação popular, no sentido destes levarem em consideração a importância da relação socioambiental para a conquista da qualidade de vida desses sujeitos. Trazendo a sociedade ao diálogo e pondo em prática suas opiniões, representando-as na implementação de fato dos Projetos nos quais eles terão que conviver diariamente.

~~~

REFERÊNCIAS

ABELÉM, Auriléia Gomes. **Urbanização e remoção**: Por que e para quem? Belém: UFPA;CFCH; NAEA, 1989. 165 p.

ALVES, Edivania S. **Marchas e contramarchas na luta pela moradia na Terra Firme (1979-1994)**. 2010. 141f. Dissertação (Mestrado em História Social da Amazônia) - Instituto de Filosofia e Ciências Humanas, Universidade Federal do Pará, Belém, 2010.

ASSOCIAÇÃO BRASILEIRA DE NORMAS TÉCNICAS. **NBR 14724** – Informação e documentação – Trabalhos acadêmicos – Apresentação. Rio de Janeiro, 2011.

_____. **NBR 6023** – Informação e documentação – Referências – Elaboração. Rio de Janeiro, 2003.

BARBOSA, Rafaela P. **Mudanças e permanências na paisagem e no modo de vida**: o caso da Vila da Barca – Belém/PA. 2009. Trabalho de Conclusão de Curso (Graduação em Geografia) – Instituto de Filosofia e Ciências Humanas, Universidade Federal do Pará, Belém, 2009.

BELÉM. Secretaria Municipal de Habitação. Disponível em: <www.belem.pa.gov.br/> Acesso em: 10 mar. 2010.

_____. Secretaria Municipal de Habitação. **Projeto Social Vila da Barca**. Belém, 2004.

_____.Câmara Municipal de Belém. **Lei Complementar nº 2, de 19 de julho de 1999. Lei Complementar de Controle Urbanístico**. Dispõe sobre o parcelamento, ocupação e uso do solo urbano do município de Belém e dá outras providências. Disponível em:< <http://www.belem.pa.gov.br/semaj/app/Sistema/view_lei.php?id_lei=2348>

_____. Câmara Municipal de Belém. **Lei 8356 de 6 agosto de 2004**. Altera os anexos que menciona, integrantes da Lei Complementar nº 02, de 19 de julho de 1999 – LCCU, para transformar a área denominada Vila da Barca em Zona Especial de Interesse Social – ZEIS, e dá outras providências.

_____. SEMAJ. Lei 7603, de 13 de janeiro de 1993: dispõe sobre o Plano Diretor do município de Belém e dá outras providências. **Diário Oficial do Município**, Belém, n. 7.434, de 13.01.1993.

BERTRAND, Claude; BERTRAND, Georges. **Uma geografia transversal e de travessias**: o meio ambiente através dos territórios e das temporalidades. (Org.) PASSOS, Messias M. dos P. Maringá: Massoni, 2009.

BRAGA, Tânia Moreira; FREITAS, Ana Paula G. de. **Índice de Sustentabilidade Local**: uma avaliação da sustentabilidade dos municípios do entorno do Parque Estadual do Rio Doce (MG). [200?].

CARLOS, Ana Fani A. **O espaço urbano**: novos escritos sobre a cidade. São Paulo: Edição Eletrônica/LABUR, 2007.

_____. **Espaço-tempo na metrópole**: a fragmentação da vida cotidiana na São Paulo. São Paulo: Contexto, 2001.

COIMBRA, Oswaldo. **Engenheiros-militares em Belém, nos anos de 1799 a 1819** - A Aula Militar do historiador Antônio Baena - Belém: Ed. Imprensa Oficial do Estado, 2003. 100 p.

CORRÊA, Antônio J. L. **O espaço das ilusões**: planos compreensivos e planejamento urbano na Região Metropolitana de Belém. Belém, 1989. 339f. Dissertação (Mestrado em Planejamento do Desenvolvimento) – Núcleo de Altos Estudos Amazônicos, Universidade Federal do Pará, Belém, 1989.

CORRÊA. Roberto L. **O espaço urbano**. São Paulo: Ática, 1995. (Série Princípios)

DAMIANI, Amélia L. O lugar e a produção do cotidiano. In: CARLOS, A. F. (Org.) **Novos caminhos da Geografia**. 5. ed. 2. reimp. São Paulo: Contexto, 2010.

DEL RIO, Vicente; OLIVEIRA, Lívia de. **Percepção ambiental**: a experiência brasileira. São Paulo: Studio Nobel; São Carlos: UFSCAR, 1996.

FERNANDES, R. da S.; DIAS, D. G. M. C.; SERAFIM, C. S.; ALBUQUERQUE, A. Avaliação da percepção ambiental da sociedade frente ao conhecimento da legislação ambiental básica. **Revista Direito, Estado e Sociedade**, Rio de Janeiro, n. 33, p. 149-160, jul.-dez. 2008.

FERREIRA, Carmena F. **Produção do espaço urbano e degradação ambiental**: um estudo sobre a várzea do igarapé do Tucunduba (Belém-Pará). 1995. Dissertação (Mestrado em Geografia Física) – Faculdade de Filosofia Letras e Ciências Humanas, Universidade de São Paulo, 1995.

GUERRA, Antonio T.; GUERRA, Antonio J. T. **Novo dicionário geológico-geomorfológico**. 3. ed. Rio de Janeiro: Bertrand Brasil, 2003.

GUIMARÃES, Danielle Costa. **Ambiente, valores e qualidade de vida urbana**: reflexões sobre suas relações no espaço público. [200?].

HERCULANO, Selene C. A qualidade de vida e seus indicadores. In: HERCULANO, Selene C. et al. (Org.). **Qualidade de vida e riscos ambientais**. Niterói: UFF, 2000.

JACOBI, Pedro. Impactos sócio-ambientais urbanos na Região Metropolitana de São Paulo. **Revista VeraCidade**, Vera Cruz (BA), v. 1, n. 1, dez. 2006.

JICA. **Plano Diretor de Transportes Urbanos da Religião Metropolitana de Belém**. Relatório Final. 1991.

MACHADO, Lucy M. C. P. Paisagem valorizada: A Serra do Mar como espaço e como lugar. In: DEL RIO, V.; OLIVEIRA, L. (Org.) **Percepção ambiental**: a experiência brasileira. São Paulo: Studio Nobel; São Carlos: UFSCAR, 1996.

MAIA, Rosemere et al. Aconchego, vitrine ou espaço de trabalho? A casa dos segmentos populares em foco. In: SIMPÓSIO DE GEOGRAFIA URBANA, 11. Belo Horizonte, 2011. **Anais...** Belo Horizonte, 2011.

MAIOLINO, Ana Lucia G. **Espaço urbano**: conflitos e subjetividade Rio de Janeiro: MAUAD/FAPERJ, 2008.

MARICATO, E. **Habitação e cidade**. São Paulo: Atual, 1997.

MENDONÇA, F. (Org.) **Elementos de Epistemologia da Geografia Contemporânea**. Curitiba: UFPR, 2002.

MENDONÇA, F. et al. **Impactos socioambientais urbanos**. Curitiba: UFPR, 2004.

MEZZOMO, Maristela D. M. Considerações sobre o termo "paisagem" segundo o enfoque Geoecológico. In: NUCCI, João C. (Org.) **Planejamento da Paisagem como subsídio para a participação popular no desenvolvimento urbano**. Estudo aplicado ao bairro de Santa Felicidade – Curitiba/PR. Curitiba: LABS/DGEOG/UFPR, 2010. 277p.

MOREIRA, E. **Belém e sua expressão geográfica**. Belém: Imprensa Universitária, 1966.

NAHAS, Maria I. P. **Metodologia de construção de índices e indicadores sociais, como instrumentos balizadores da gestão municipal da qualidade de vida urbana**: uma síntese da experiência de Belo Horizonte. 2000.

PARACAMPO, M. V. et al. **Habitação social nas metrópoles brasileiras**: uma avaliação das políticas habitacionais em Belém, Belo Horizonte, Porto Alegre, Recife, Rio de Janeiro e São Paulo no final do século XX. Organizador Adauto Lucio Cardoso. Porto Alegre: ANTAC, 2007. (Coleção Habitare)

PARÁ. Governo do Estado. **Diagnóstico Habitacional**. Plano Estadual de Habitação de Interesse Social. Belém: SEDURB/COHAB/IDESP/SEGOV, 2009.

PENTEADO, Antonio Rocha. **Belém do Pará**: estudo de geografia urbana. Belém: UFPA, 1968.

PEREIRA, Iacimary S. de O. **As políticas públicas de revitalização urbana e a localização das classes sociais**: o caso de Belém-PA. 2009. Tese (Doutorado em Arquitetura e Urbanismo) – Faculdade de Arquitetura e Urbanismo, Universidade de Brasília, 2009.

PINHEIRO, Roberto V. L. **Estudo Hidrodinâmico e sedimentológico do Estuário Guajará-Belém (PA)** 1987. 174f. Dissertação (Mestrado em Geociências) – Centro de Geociências, Universidade Federal do Pará, Belém, 1987.

POLETTE, M. aspectos metodológicos para a implementação de uma política pública como base conceitual para o gerenciamento costeiro integrado. In: SANTOS, José E. dos. et al. (Org.). **Faces da polissemia da paisagem**: ecologia, planejamento e percepção. São Carlos: RiMa, 2004, p. 409

POZZO, Renata R.; VIDAL, Leandro M. O conceito geográfico de paisagem e as representações sobre a ilha de Santa Catarina feitas por viajantes dos séculos XVIII e XIX. **Revista Discente Expressões Geográficas**, Florianópolis, v. 6, n. 6, p. 111-131, jun. 2010.

RAMPAZZO, S. E., PIRES, J. S. R.; HENKE-OLIVEIRA, C. Zoneamento ambiental conceitual para o município de Erechim, RS. In: SANTOS, José E. dos. et al. (Org.) **Faces da polissemia da paisagem**: ecologia, planejamento e percepção. São Carlos: RiMa, 2004, p. 409.

RIBEIRO, Wilson dos S. Jr. Requalificação de áreas centrais no Brasil: o global e o local. In: SIMPÓSIO DE ARQUITETURA DA CIDADE NAS AMÉRICAS. Diálogos Contemporâneos entre o Local e o Global, Sevilha, Espanha. **Anais....** 52 ICA, Sevilha, 2006.

RIBEIRO, Wagner. Impactos das mudanças climáticas em cidades no Brasil. **Parcerias Estratégicas,** Brasília, n. 27, dez. 2008.

RODRIGUES, Edimilson Brito. **Aventura urbana**: urbanização, trabalho e meio ambiente em Belém. Belém: NAEA;UFPA; FCAP, 1996.

RODRIGUEZ, José M. M. e SILVA, Edson V. da. A classificação das paisagens a partir de uma visão geossistêmica. **Mercator - Revista de Geografia da UFC**, Havana, v. 1, n. 01, 2002.

SANTOS, Emmanuel R. C. **À beira do rio e às margens da cidade**: diretrizes e práticas de planejamento e gestão para a orla de Belém (PA). 2002. 154f. Dissertação (Mestrado em Planejamento do Desenvolvimento) – Núcleo de Altos Estudos Amazônicos, Universidade Federal do Pará, Belém, 2002.

SANTOS, M. **Pensando o espaço do homem**. 5 ed. São Paulo: USP, 2004.

SOUZA, M. L. **Mudar a cidade**: uma introdução crítica ao planejamento e a gestão urbana. 4 ed. Rio de Janeiro: Bertrand Brasil, 2006.

SOUZA, Solange Silva. **Os Caminhos da urbanização da Vila da Barca**: passado, presente e perspectivas futuras. 2006. 130f. Dissertação (Mestrado em Serviço Social) - Centro Socioeconômico, Universidade Federal do Pará, Belém, 2006.

SPÓSITO, M. E. B. Sobre o debate em torno das questões ambientais e sociais no urbano. In: CARLOS, A. F.; LEMOS, A. I. G. (Org.). **Dilemas urbanos**: novas abordagens sobre a cidade. 2. ed. São Paulo: Contexto, 2005. p. 295-298.

SUERTEGARAY, D. M. A. Debate entre questões ambientais e sociais no urbano. In: CARLOS, A. F. A.; LEMOS, A. I. G. (Org.). **Dilemas urbanos** – novas abordagens sobre a cidade. 2. ed. São Paulo: Contexto, 2005. p. 352-357.

TASCHNER, Suzana P. Degradação ambiental em favelas de São Paulo. In: TORRES, H.; COSTA, H. (Org.). **População e meio ambiente** – debates e desafios. São Paulo: Senac, 2000.

TRINDADE JR., S. C. **Produção e uso do solo urbano em Belém**. Belém: NAEA/UFPA, 1997.

_____. Requalificação urbana em áreas centrais na Amazônia brasileira: Belém do Pará, entre o patrimonialismo e a função social da cidade. In: SCHERER, Elenise; OLIVEIRA, José Aldemir (Org.). **Amazônia**: território, povos tradicionais e ambiente. 1 ed. Manaus: UFAM, 2009. v. 1, p. 198-219.

TRINDADE JR., S. C.; AMARAL, M. D. Reabilitação urbana na área central Belém-Pará: concepções e tendências de políticas urbanas emergentes. **Revista Paranaense de Desenvolvimento**, Curitiba, n. 111, p. 73-103, jul./dez. 2006.

TUAN, YI-FU. **Espaço e lugar**: a perspectiva da experiência. São Paulo: DIFEL, 1983.

_____. **Topofilia**: um estudo da percepção, atitudes e valores do meio ambiente. São Paulo/Rio de Janeiro: DIFEL, 1980.

VASCONCELLOS, Mário; VASCONCELLOS, Ana M. de A.; SOUZA, Carlos A. Participação e governança urbana. In: VASCONCELLOS, Mário; ROCHA, Gilberto de M.; LADISLAU, Evandro. (Org.). **Desafios políticos da sustentabilidade urbana**. Belém: NUMA;UFPA, 2009.

VAZ, Lilian F. **Modernidade e moradia**: habitação coletiva no Rio de Janeiro, séculos XIX e XX. Rio de Janeiro: 7 letras, 2002.

VILAR, Beatriz de S. **Reforma urbana e ZEIS**: produzindo o espaço na Vila da Barca (Belém-PA). 2008. 80 f. Monografia (Especialização em Cidades na Amazônia: História, Ambiente e Culturas) – Núcleo de Altos Estudos Amazônicos, Universidade Federal do Pará, Belém, 2008.

VITTE, Claudete de C. S. A qualidade de vida urbana e sua dimensão subjetiva: uma contribuição ao debate sobre políticas públicas e sobre a cidade. In: VITTE, C. de C. S.; KEINERT, T. M. M. (Org.) **Qualidade de vida, planejamento e gestão urbana**: discussões teórico-metodológicas. Rio de Janeiro: Bertrand Brasil, 2009.

VIVIANE CORRÊA SANTOS é formada em Geografia pela UFPA. Mestre em Geografia pela UFPA. Especialista em Metodologia do Ensino de Geografia pela UNIASSELVI. Professora em Geografia Física pela UEPA.

Impresso no Brasil.

Itacaiúnas Comércio e Serviços/Editora Itacaiúnas
Ananindeua – Pará
www.editoraitacaiunas.com.br